三维数值流形方法原理、算法和模型

武艳强　陈光齐　江在森　邹镇宇　著

地震出版社

Seismological Press

图书在版编目（CIP）数据

三维数值流形方法原理、算法和模型 / 武艳强等著.
—北京：地震出版社，2021.12
　　ISBN 978-7-5028-5349-5

　　Ⅰ.①三… 　Ⅱ.①武… 　Ⅲ.①数值方法－研究
Ⅳ.①O241

　　中国版本图书馆CIP数据核字（2021）第216193号

地震版　　XM4584 / O（6158）

三维数值流形方法原理、算法和模型

武艳强　陈光齐　江在森　邹镇宇　著
责任编辑：范静泊
责任校对：凌　樱

出版发行：**地 震 出 版 社**
　　　　　北京市海淀区民族大学南路 9 号　　　　　　邮编：100081
　　　　　发行部：68423031　68467991　　　　　　传真：68467991
　　　　　总编室：68462709　68423029
　　　　　编辑四部：68467963
　　　　　http://www.seismologicalpress.com
　　　　　E-mail: zqbj68426052@163.com

经销：全国各地新华书店
印刷：河北文盛印刷有限公司

版（印）次：2021 年 12 月第一版　　2021 年 12 月第一次印刷
开本：787×1092　1/16
字数：117 千字
印张：6.25
书号：ISBN 978-7-5028-5349-5
定价：48.00 元

序

　　20 世纪 80 年代，本人针对地质工程中的非连续变形分析实际需求，先后提出了关键块体理论（Key Block Theory）和非连续变形分析方法（DDA：Discontinuous Deformation Analysis），在岩土工程中得到了广泛应用。随着研究深入，后又将数学中的函数思想、覆盖概念、流形理论与工程领域的局部分片计算相统一，提出了数值流形方法（NMM: Numerical Manifold Method），因其广阔的应用前景被同行称为新一代数值模拟方法。其基于 NMM 理论框架，可以高效解决连续与非连续变形耦合问题，实现复杂断层自动建模、非规则多边形与多面体精确积分、动力学与静力学综合分析等，兼具非连续变形分析与解析法的优点，适合多领域、高精度、多空间尺度、多时间过程的动力学模拟工作。

　　相对于 Key Block Theory 和 DDA 方法，NMM 方法更为完善，同时也更复杂，特别是 3D-NMM 的研究极具挑战性。本书作者历时十余年，始终如一地针对 3D-NMM 开展研究，相继完成了公式推导、算法研制、程序实现、模型分析等工作。通过本书，作者全方位、多角度展示了三维数值流形方法的研发过程以及模型实效，为该方法体系在更多领域应用奠定了基础。

　　在本书成稿之际，对本书作者表示祝贺，同时希望作者能再接再厉，为三维数值流形方法推广应用做出更大贡献。

石根华
（Shi Genhua）

2021 年 9 月 22 日于北京

前　言

美籍华人科学家石根华先生于 20 世纪 90 年代提出数值流形方法 (NMM: Numerical Manifold Method)，该方法以"数值流形"概念为核心，融合全局函数的连续变形分析和 DDA(Discontinuous Deformation Analysis) 分块非连续变形分析的优势，创建了可在一切空间、适应多种本构关系的新的统一计算理论框架。NMM 包含两类基本单元——数学覆盖和物理单元，前者以规则的几何形状定义未知数，通过多个相互交叠的覆盖关联确保位移的连续，后者用于定义物理边界、裂隙分割，通过精确积分算法实现能量分析。通过两类单元的耦合，可实现连续与非连续模拟的简便性、高效性和精确性，同时也增加了断层建模、模拟过程中数学覆盖和物理单元一致性维护的复杂度。

2009 年，我首次接触到石根华先生的数值流形理论，当时正值我攻读博士学位期间，通过向石根华先生学习请教，深深地被石先生 40 年如一日致力于科研的精神所感动，他淡泊名利、潜心科研、默默耕耘的科学家精神时刻激励着我。经过近 10 年断断续续的工作，完成了本书的撰写，特别是在国家留学基金委员会和中国地震局的联合资助下，我于 2012—2013 年在日本九州大学和 2017—2018 年在美国加州大学洛杉矶分校做访问学者，期间有充裕的时间投入到三维数值流形方法的研究工作中。随着研究的持续深入，一方面认识到了数值流形方法在数学、力学理论框架下的完美性；另一方面也深切地体会到了在算法推导和程序实现上的复杂性。

本书选用六面体数学覆盖，重点围绕弹性和黏弹性本构关系，针对连续与非连续问题展开。为了方便读者对三维数值流形方法的理解，本书尽量避免复杂的数学推导，力求从简单模型、基本公式和少量伪代码入手，力争做到深入浅出、循序渐进。全书共包括六章，第一章从数据结构、算法等角度介绍了三维自动建模算法与实现；第二章给出了单纯形积分算法及其特性分析；第三章和第四章分别推导给出了弹性和黏弹性三维数值流形方法矩阵元素表达式；第五章重点对多点约束的数学算法与结点更新策略进行了分析；第六章给出了弹性、黏弹性、连续、非连续变形的多个实例分析。

在本书成稿之际，特别感谢石根华先生无数次的启发和指导，冯胜涛高级工程师在绘图排版方面的无私帮助！感谢加州大学洛杉矶分校沈正康教授、福州大学郑路教授、同济大学张洪副教授、中国地震局地球物理研究所张龙助理研究员，以及中国地震局第一监测中心庞亚瑾、郭南男、畅柳、李腊月、李媛等同志提供的帮助！感谢"天津市'131'创新型人才培养工程"为本书的出版提供经费支持，感谢中国地震局地震预测研究所和第一监测中心对 3D–NMM 研究工作的支持。

由于水平有限，书中不当之处诚恳希望读者批评指正。

武艳强

2021 年 10 月于天津

目　录

Contents

第一章 三维数值流形自动建模算法研究

三维自动建模是三维数值流形方法（Three-dimensional Numerical Manifold Method, 3D-NMM）的一个显著优势，当给定边界范围、断层（裂隙）分布后，可基于几何拓扑关系研究断层切割算法，建立直接用于 3D-NMM 计算的数值模型。对于三维自动建模算法，多位学者开展过深入的研究（Lin，1992；Fu & Ma, 2011；Lu，2002；石根华，2006；张奇华和邬爱清，2007；Wu et al., 2017），其中针对非连续变形分析方法（Discontinuous Deformation Analysis, DDA）的块体切割算法，Jafari & Khishvan（2011）发展了三维 DDA 的块体识别方法，该方法通过实现边 – 面规格化，提高了块体识别的速度和准确性。针对 3D-NMM 方法的块体切割，李海枫等（2010）基于三维有限元网格生成技术与三维块体切割技术提出了 3D-NMM 断层切割的解决方案。由于在实际应用中，经常存在断层不完全切透岩体或者岩石圈的情况，比如地震断层一般会切割至 15 ~ 30km 深，并不都完全切穿岩石圈，因此在实际的 3D-NMM 断层切割时需要研究通用性方法，解决断层相互切割，以及断层完全切割和不完全切割的自动建模问题。

1.1　3D-NMM 断层切割的数据结构

根据三维数值流形方法的基本原理，针对断层建模算法设计了三种数据结构，包括数学覆盖、物理单元和断层。图 1-1 所示的断层切割示意图初始模型包括一个物理单元，两条断层和 8 个数学覆盖，数学覆盖的中心节点为 1 ~ 8。执行断层切割操作时，数学和物理单元的数量、形状、体积和重心等将动态更新。例如，图 1-1 所示的一个物理单元和 8 个数学覆盖将被断层 1 和 2 切割为 2 个单元和 16 个覆盖。在断层切割过程中，算法需记录所有单元和覆盖的边界。同时，断层切割算法还必须在整个过程中保证数学覆盖与物理单元之间的正确逻辑关系。

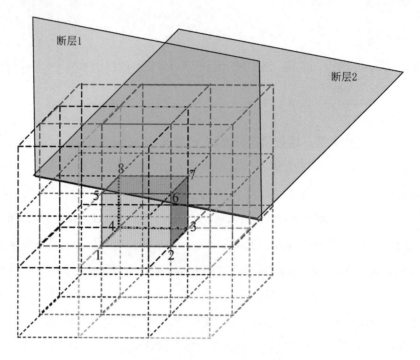

图 1-1   3D-NMM 的断层切割示意图

黄色长方体是物理单元；节点 1~8 是八个数学覆盖的中心；两个浅绿色平面是断层

数据结构是程序设计的基础，考虑到 3D-NMM 模型包含数学覆盖和物理单元两套网格，图 1-2 给出了六面体数学覆盖情况下断层切割操作前物理单元和数学覆盖的数据结构框图。为了便于存储切割形成的新单元和删除旧单元操作，图 1-2 中采用链表数据结构存储数学覆盖和物理单元，其中数学覆盖采用链表数组结构，物理单元采用单链表结构，每个链表均包含表头信息。对于每个物理单元，其节点信息、面信息的含义与数学覆盖相同。另外，还增加了 8 个数学覆盖链表数组下标和 8 个覆盖号及一些附属信息（如体积、重心坐标等）。物理单元中的 8 个数学覆盖链表数组下标用于标识该物理单元与数学覆盖的关系，该信息在初始化阶段被确定下来，一直维持不变。物理单元中的 8 个数学覆盖号用于存储切割后的数学覆盖，该信息在切割完成后统一更新。上述设计可以保证根据物理单元快速找到与之相关的数学覆盖，而无需遍历所有数学覆盖。

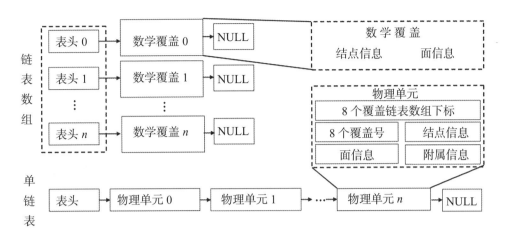

图 1-2　初始数学覆盖和物理单元的数据结构框图

当断层切割完成后，数学覆盖和物理单元的存储均会发生变化（图 1-3）。图 1-2 中原来的 0 号数学覆盖被切割成为 i 个独立的物理覆盖，切割前作为该覆盖一部分的 0 号物理单元被切割成两个独立的物理单元，根据物理单元与物理覆盖的几何关系可知，这 2 个独立的物理单元必包含于 0 号数学覆盖切割形成的 i 个物理覆盖（根据图 1-2 中 8 个覆盖链表数组下标可直接定位覆盖表头），然后通过判定点与多面体的关系确定物理单元具体所属的物理覆盖并存储其覆盖号。

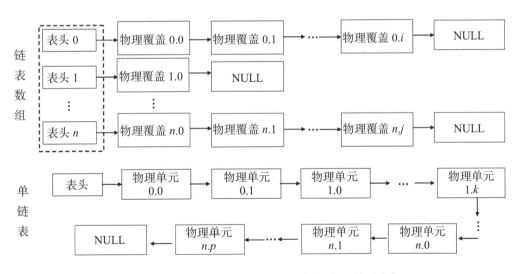

图 1-3　断层切割完成后的物理覆盖和物理单元分布

1.2　3D-NMM 方法中断层切割流程

据前文对断层切割前后覆盖和物理单元动态分布情况，可以初步建立起 3D-NMM 断层切割算法的总体轮廓。3D-NMM 断层切割算法的难点在于需同时对数学覆盖和物理单元进行断层切割，并保证切割形成的物理单元和数学覆盖之间的逻辑关系正确。针对该问题，图 1-4 给出了切割流程图。

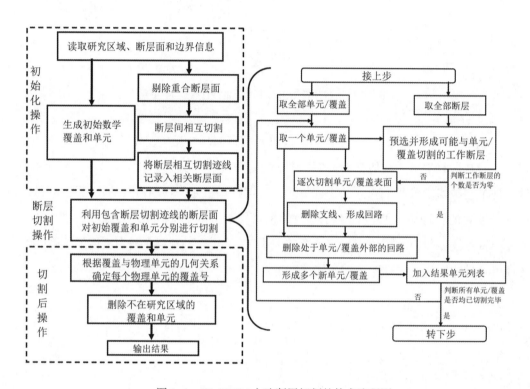

图 1-4　3D-NMM 方法断层切割的技术流程图

根据图 1-4 可知 3D-NMM 方法的断层切割共包括三部分：①初始准备工作，包括读取研究区域的边界范围和断层信息、删除重合断层面、断层相互切割并记录切割迹线、生成初始数学覆盖和物理单元等；②断层切割工作，包括断层面对初始覆盖和物理单元分别进行切割等操作；③切割后续操作，包括确定物理单元的覆盖号（更新图 1-3 所示的数据结构）、删除不在研究区域的单元 / 覆盖、结果输出等。

根据图 1-4 可知过程①和过程③均较简单，只需通过简单的几何判断和方程求解即可完成操作，过程②较为复杂，下面结合图 1-4 中的右侧流程图进行详细说明。断层切割时首先取出一个覆盖（由于此过程单元和覆盖操作相同，因此统一简写为单元），根据该单元与断层的几何关系形成可能与之相切的工作断层（此时原断层不做任何改变）；然后利用上述工作断层对单元进行切割，当所有工作断层与任意单元切割完毕后执行删除支线、形成回路操作；接下来删除单元外部的回路并形成多个新单元，最后将新单元加入到结果队列中。循环上述操作，直至数学覆盖和物理单元均被切割完毕为止。

1.3　3D–NMM 断层切割关键算法

根据图 1-4 给出的断层切割流程可知，3D–NMM 断层切割算法涉及的关键技术环节包括断层相互切割的处理、断层面回路的生成、切割后多面体的生成等，下面结合示意图形和具体切割实例进行说明。

1.3.1　断层相互切割的简化处理

多组断层相互切割现象广泛存在于实际的断层切割操作中，当断层尺度大于单元尺度时，断层切割形成的支线可能会将多个数值流形单元完整切割，因此在 3D–NMM 断层相互切割操作时如果执行删除支线操作，将会导致结果与真实情况不符。为了解决上述问题，本书采用图 1-5 所示的处理方式，即任意两断层切割时不管是否贯穿，均记录下切割线。比如，图 1-5 中断层 1 和断层 2 相切，其中切割线 C_1C_2 切穿断层 2，

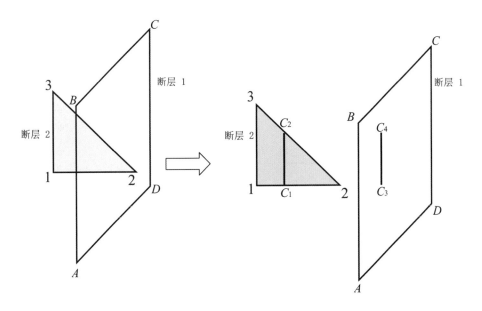

图 1-5　任意两断层相互切割的简化处理

而 C_3C_4 未切穿断层 1。为了简化处理，在断层面的切割结果中分别记录切割形成的迹线和初始断层边界，在该步中只需将新增的断层切割迹线记录下来并更新断层边界即可，暂时不进行其他处理，在后续过程中，用这些带有切割迹线的断层去切割数学覆盖和物理单元。上述操作只需对任意两条断层进行一次切割即可，可以有效避免逐条断层切割单元过程中既要处理单元／覆盖表面与断层面切割，又要处理断层面之间相互切割问题，同时也可避免两条断层多次重复切割问题。

1.3.2 基本回路生成过程

当所有可能的断层对一个面完成切割后需要构建回路，下面以图 1-6 为例进行说明。根据图 1-6 所示，首先进行删除支路操作，图中 $E_{4,8}$ 和 $E_{5,7}$ 为两个支线，先行删除，然后从任意棱出发按 BFS 算法（Lee, 1961）形成最小回路。比如，以主棱 $E_{4,3}$ 为

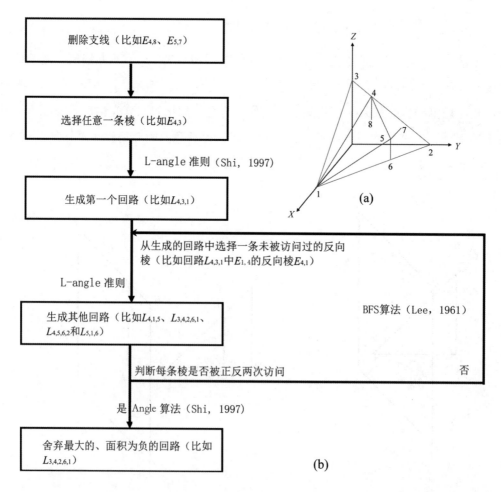

图 1-6　构建基本回路算法［图中参考文献（Shi,1997）同（石根华，1997）］

例开始寻找，按最小左旋角准则可以找到面 $L_{4,3,1}$，接下来查找未遍历的反向棱，比如根据 $E_{4,1}$（$L_{4,3,1}$ 中 $E_{1,4}$ 的反向棱）可以找到 $L_{4,1,5}$，随后可以陆续找到 $L_{4,5,6,2}$、$L_{5,1,6}$ 和 $L_{3,4,2,6,1}$。如果最先从其他棱开始寻找，将得到相同结果。根据角度法可判定 $L_{3,4,2,6,1}$ 为负（Shi, 1988, 1991），其他回路为正，此时所有正负回路的面积和为 0。最后，舍弃最大的、面积为负的回路，比如本研究中前述指标的 $L_{3,4,2,6,1}$。

在描述一个空间多面体时，一般需要确定每个面的外法线方向。由于目前仅仅是形成了各个面，尚未形成多面体，因此无法得知该面的外法线方向。此时将前文形成的 4 个环路全部逆序，得到另一组法向方向对应的环路集合。最后根据图 1-6 结果可知共形成 8 个多边形，分别是 $L_{3,4,1}$、$L_{1,4,5}$、$L_{5,4,2,6}$、$L_{1,5,6}$、$L_{1,4,3}$、$L_{5,4,1}$、$L_{6,2,4,5}$、$L_{6,5,1}$。

1.3.3 多面体生成算法

当被切割单元 / 覆盖的所有表面及包含的断层面的基本回路形成后（如前文根据图 1-6 得到的与单个面相关的 8 个回路），此时任意回路中棱均是有向的，下面以图 1-7 为例对多面体生成的面搜索算法进行说明。假设从图中 P_0 面开始搜索，根据其法向量 $\boldsymbol{n}_0$ 可以找到棱 E_{AB}，图中过逆序棱（E_{BA}）的面分别为 P_1 – P_4。随后，计算 P_0 面与过 E_{BA} 的所有面的夹角，选择最大夹角的 P_4 作为选定面，此时 P_0 和 P_4 面的法线方向均为外法线，其他面均在上述两面的外侧。最后，采用 BFS 算法寻找与已选定面其他逆序棱相关的回路。

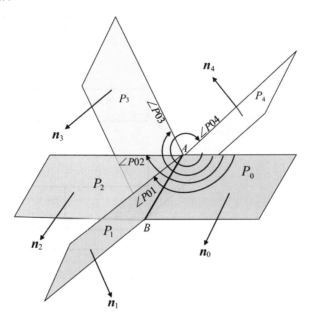

图 1-7 根据已知面搜索相互关联面过程示意图

根据图 1-7 可从任意初始面出发找到一个与之相关的多面体，随后遍历其他未被访问过的面，找到其他多面体，下面以图 1-8 为例说明寻找多面体的过程。经过断层切割操作，图 1-8 所示的长方体被切割成为 6 个多面体，首先从面 $P_{1,2,3,4}$ 出发构建多面体，根据棱 $E_{4,1}$ 可以找到过 $E_{1,4}$ 的两个面（$P_{1,4,8,7}$ 和 $P_{1,4,10,9}$，自身逆序回路除外），根据前文最大角度原则可知 $P_{1,4,10,9}$ 为选定面，随后根据其他棱的逆序可以陆续得到面 $P_{4,3,11,10}$、$P_{3,2,12,11}$、$P_{2,1,9,12}$，最后选定 $P_{9,10,11,12}$，该六面体的法线方向均指向内部，根据单纯形方法计算得到的体积为负值（Wu et al., 2012）。

从任意未被遍历的面出发，可继续寻找其他多面体。比如从面 $P_{1,4,3,2}$ 出发，根据边 $E_{1,4}$ 可知过边 $E_{4,1}$ 的两个面（$P_{4,1,9,10}$ 和 $P_{4,1,7,8}$），根据最大角原则可选定 $P_{4,1,7,8}$ 面，随后根据面 $P_{1,4,3,2}$ 的其他边可以选定面 $P_{3,4,8,5}$、$P_{2,3,5,6}$、$P_{1,2,6,7}$，最后根据 $E_{8,5}$ 的逆序棱可找到面 $P_{7,6,5,8}$ 形成六面体。同理，可以得到其他五个多面体，比如由面 $P_{3,4,10,11}$、$P_{4,3,5,8}$、$P_{3,11,5}$、$P_{11,10,8,5}$ 和 $P_{10,4,8}$ 组成的五面体，由面 $P_{2,3,11,12}$、$P_{3,2,6,5}$、$P_{2,12,6}$、$P_{11,3,5}$ 和 $P_{12,11,5,6}$ 组成的五面体，由面 $P_{1,2,12,9}$、$P_{2,1,7,6}$、$P_{12,2,6}$、$P_{1,9,7}$ 和 $P_{9,12,6,7}$ 组成的五面体，由面 $P_{1,9,10,4}$、$P_{9,1,7}$、$P_{10,9,7,8}$、$P_{4,10,8}$ 和 $P_{1,4,8,7}$ 组成的五面体，由 $P_{10,9,12,11}$、$P_{9,10,8,7}$、$P_{12,9,7,6}$、$P_{11,12,6,5}$、$P_{10,11,5,8}$ 和 $P_{7,8,5,6}$ 组成的六面体。

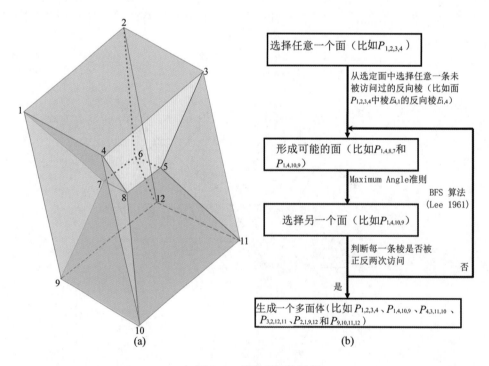

图 1-8　搜索多面体示例

上述切割形成的多面体单元共包括一个负六面体单元、2 个正六面体单元、4 个正五面体单元，共包括 38 个面，图 1-8 中的 19 个面正序和逆序各用一次，同时上述 7 个多面体的正负体积和为 0。

1.4　3D-NMM 断层切割实例

根据前文描述的 3D-NMM 断层切割算法，结合 3 个具体切割实例进行切割效果分析（图 1-9）。在图 1-9（a）中，以一条断层（100m×50m）不完全切割一个长方体（100m×100m×100m），3D-NMM 的切割结果如图 1-9（b）所示。图 1-9（c）和图 1-9（d）的断层面和物理边界采用三角形构建，共输入 74 个三角断层面。在 1.9（c）所示的单一物理单元情况下，切割形成了一个挖空的隧道体。图 1-9（d）为多物理单元切割结果，切割结果中共包括 56 个单元、133 个数学覆盖，其中单个物理单元包含的最多断层面为 22 个，单个面包含的最多结点数为 18 个。图 1-9（e）和图 1-9（f）为四向联通隧道开挖体的切割结果，断层面和物理边界采用多边形构建，共输入 116 个多边

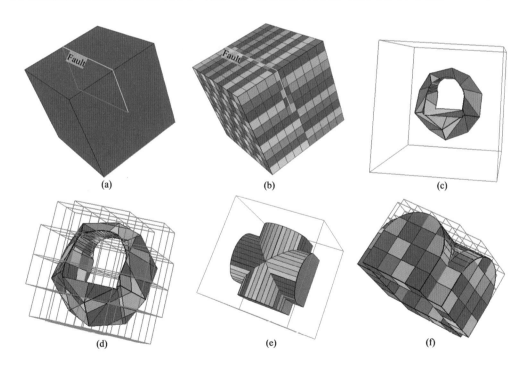

图 1-9　3D-NMM 断层切割实例（灰色线条为数学网格边界）

（a）不完全断层切割的初始模型；（b）不完全断层切割的 3D-NMM 结果；（c）单一隧道单一物理单元切割结果；（d）单一隧道多物理单元切割结果；（e）四向联通隧道开挖体单一物理单元切割结果；（f）四向联通隧道开挖体多物理单元切割结果

形面，其中输入断层面包含的最多结点数为 19 个。图 1-9（e）为单一物理单元情况下，切割形成了双向联通的隧道开挖体；图 1-9（f）为多物理单元情况下的切割结果，共包括 104 个物理单元、284 个数学覆盖，其中单个单元包含的最多断层面个数为 12 个，单个面包含最多的结点个数为 8 个。

为了分析在大尺度 3D-NMM 建模中断层切割算法的耗时，构建了中国四川—云南地区的实用三维数值流形模型（图 1-10）。该模型的尺度为 680km×740km×50km，包含 36 个断层面，见图 1-10（a）。断层切割深度为 35km，不完全切割物理模型，断层倾角在 5km、15km 和 20km 的深度处改变。表 1-1 给出了图 1-10（b）~（d）模型的耗时统计信息。结果显示，初始化、断层切割和输出结果操作花费的时间很少，这说明本研究提出的算法非常有效。更新物理单元和覆盖等操作花费的时间最多，表明 3D-NMM 的断层切割算法比块切割更复杂，因为此操作的主要功能是确定每个物理单元的 8 个数学覆盖信息，这一过程在块体切割中并不需要。另外，表 1-1 还显示，当自由度小于 $8×10^5$ 时，在表 1-1 的计算环境下总建模时间小于 1 分钟。

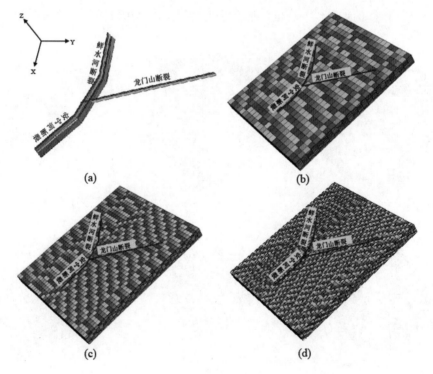

图 1-10　四川—云南地区的 3D-NMM 断层建模实例

（a）输入断层；（b）单元尺度为 30km×30km×3 km 的断层切割结果；

（c）单元尺度为 20km×20km×4 km 的断层切割结果；（d）单元尺度为 15km×15km×5km 的断层切割结果

表 1–1　断层切割时间统计（模型对应图 1–10(b) ~ (d)）

模型	图 1-10(b)	图 1-10(c)	图 1-10(d)
自由度	32025	55146	79752
初始化时间	0.04s	0.05s	0.05s
切割时间	1.51s	1.83s	2.49s
更新单元与覆盖时间	7.53s	19.64s	44.24s
输出结果时间	2.02s	2.76s	3.85s
总时间	11.10s	24.28s	50.64s

注：计算环境为 MacBook Pro A1278 (Intel(R) Core(TM) i7-2640M CPU @2.80GHz; 4.0GB RAM)。

为了验证自动建模方法的普适性，图 1–11 给出了复杂断层切割实例，模型尺度为 2000m × 2000m × 9000m，输入断层包括 800 个三角形，输出结果包括 95770 个数学覆盖，结果可直接用于后续的数值模拟工作。

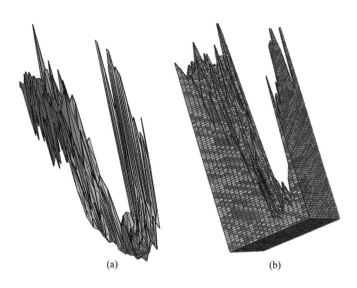

(a)　　　　　　　　　　　　(b)

图 1–11　复杂断层 3D–NMM 建模实例

（a）输入断层；（b）断层切割结果

1.5　小结

本章通过对 3D–NMM 断层切割算法的数据结构、切割流程、关键算法和切割实例的分析，得到了如下认识。

（1）根据文中对单链表（存储物理单元）和链表数组（存储数学覆盖）的描述，

可知通过合理的数据结构设计可以有效降低算法的复杂度。两种数据结构及相关存储内容的设计，可以保证切割后的物理单元能够快速找到与之相关的数学覆盖，而无需遍历所有存储。

（2）3D-NMM 的断层切割算法的复杂度明显超出 DDA，本章所采取的断层切痕处理方式可以有效降低断层相互切割操作的复杂度，特别是断层相互切割时先不删除环路上的支线、不形成块体的处理方式，可以保证 NMM 切割结果更好地与实际情况相符。

（3）本研究切割算法具有通用性，特别是对于断层非完全切割（即断层切割不形成独立块体）情况可以正确处理，如果采用 3D-DDA 切割与其他数学网格生成结果匹配的方式，非完全切割的断层可能由于无法形成闭合环路将被删除，切割结果与真实的情况存在差异。

（4）通过单连通隧道、四向联通隧道挖空体和四川—云南地区真实断层切割结果可知，3D-NMM 断层切割算法具有实用性，经过单个单元／覆盖切割前后正负体积之和为零、切割前后总体积保持不变、生成回路时棱的访问次数、生成多面体时面的访问次数等检验，可以完成算法自检、保证切割结果正确。

第二章　单纯形积分算法及其特性分析

任意形状多面体的多项式精确积分是三维非连续变形分析（DDA）和三维数值流形方法（NMM）的基础，只有解决了该问题才能进行精确的动力学模拟研究。DDA和NMM中的惯性矩阵、刚度矩阵等（Chen，1997；Shi，1984，1992，1996，2001；姜冬茹，2002；骆少明，2005；石根华，1997；郑榕明，2004）均涉及精确积分问题。由于实际研究中涉及的积分区域多为复杂的多边形或多面体，通常的解决办法是把复杂形状的多边形或多面体划分成规则的几何单元，然后采用数值积分方法求解，比如高斯积分方法（封建湖，2001）。为了适应DDA和NMM方法应用于任意复杂区域的数值模拟需要，石根华（1997）研究给出了N维单纯形积分的公式，可以实现二维和三维复杂边界条件下多项式精确积分问题。

本章通过对经典单纯形积分公式（石根华，1997）的分析，给出了二维和三维单纯形积分的C++算法伪代码，并结合实例描述了任意形状多边形、多面体单纯形积分的求解过程。通过对中空规则形状、中空非规则形状积分区域下面积（体积）和重心解析解与计算值的对比分析，讨论了单纯形积分结果的精度和适用性（Wu et al，2012；武艳强，2012）。同时，通过对比不同边长比（$10^{-6} \sim 10^{6}$）情况下积分结果的分析，讨论了积分区域图形条件对积分结果的影响。最后，分析了高阶多项式在中空非规则区域下的积分精度问题。

2.1　单纯形积分的基本原理及算法实现

石根华（1997）给出了N维单纯形积分的通用公式，Chen（1999）给出了二维单纯形积分的实用公式，参考林绍忠（2005）对单纯形积分公式的描述，公式（2.1）和公式（2.2）直接给出了二维和三维单纯形积分表达式。

$$\iint_S x^l y^m \mathrm{d}x\mathrm{d}y = J \frac{l!m!}{(l+m+2)!} \cdot \left(\sum_{\substack{i_{x0}+i_{x1}+i_{x2}=l \\ i_{x0},i_{x1},i_{x2} \geq 0}} \frac{x_0^{i_{x0}} x_1^{i_{x1}} x_2^{i_{x2}}}{i_{x0}!i_{x1}!i_{x2}!} \cdot \sum_{\substack{i_{y0}+i_{y1}+i_{y2}=m \\ i_{y0},i_{y1},i_{y2} \geq 0}} \frac{y_0^{i_{y0}} y_1^{i_{y1}} y_2^{i_{y2}}}{i_{y0}!i_{y1}!i_{y2}!} \cdot (i_0!i_1!i_2!) \right)$$

$$(2.1)$$

$$\iiint_V x^l y^m z^n \mathrm{d}x\mathrm{d}y\mathrm{d}z = J \frac{l!m!n!}{(l+m+n+3)!} \cdot \left(\sum_{\substack{i_{x0}+i_{x1}+i_{x2}+i_{x3}=l \\ i_{x0},i_{x1},i_{x2},i_{x3}\geqslant 0}} \frac{x_0^{i_{x0}} x_1^{i_{x1}} x_2^{i_{x2}} x_3^{i_{x3}}}{i_{x0}!i_{x1}!i_{x2}!i_{x3}!} \right.$$

$$\left. \cdot \sum_{\substack{i_{y0}+i_{y1}+i_{y2}+i_{y3}=m \\ i_{y0},i_{y1},i_{y2},i_{y3}\geqslant 0}} \frac{y_0^{i_{y0}} y_1^{i_{y1}} y_2^{i_{y2}} y_3^{i_{y3}}}{i_{y0}!i_{y1}!i_{y2}!i_{y3}!} \cdot \sum_{\substack{i_{z0}+i_{z1}+i_{z2}+i_{z3}=n \\ i_{z0},i_{z1},i_{z2},i_{z3}\geqslant 0}} \frac{z_0^{i_{z0}} z_1^{i_{z1}} z_2^{i_{z2}} z_3^{i_{z3}}}{i_{z0}!i_{z1}!i_{z2}!i_{z3}!} \cdot (i_0!i_1!i_2!i_3!) \right) \qquad (2.2)$$

公式（2.1）和公式（2.2）中的 J 为雅克比行列式（石根华，1997），在三维情况

下具有如下形式 $J = \begin{vmatrix} 1 & x_0 & y_0 & z_0 \\ 1 & x_1 & y_1 & z_1 \\ 1 & x_2 & y_2 & z_2 \\ 1 & x_3 & y_3 & z_3 \end{vmatrix}$，$x_i, y_i, z_i$ 分别对应三维单纯形（四面体）的第 i 顶

点。去掉三维情况下雅克比行列式的第四行和第四列即为二维单纯形积分的雅克比行列式，此时 x_i, y_i 对应二维单纯形（三角形）的第 i 顶点。式中 $i_w = i_{xw} + i_{yw}$（$w=0,1,2$，二维情况）、$i_w = i_{xw} + i_{yw} + i_{zw}$（$w=0,1,2,3$，三维情况）。

从表现形式上看公式（2.1）和公式（2.2）均较复杂，致使一些数值流形方法的研究者选择其他积分方法，如姜冬茹等（2002）、骆少明等（2005）采用了 Hammer 积分方法，郑榕明等（2004）采用了高斯积分方法。为了研究单纯形积分算法的特性，表 2-1、表 2-2 分别给出了二维和三维单纯形积分的 C++ 算法伪代码，在该算法的基础上，只需补充 4 阶行列式、3 阶行列式和阶乘函数，即可完成多项式在二维和三维单纯形上的积分运算。

表 2-1　二维单纯形积分算法伪代码

```
double simplex_integration_2d(double point_data[3][2],int l,int m)

{

    // point_data 用于存储二维单纯形的 3 个顶点坐标，求得的积分为 ∬_S x^l y^m dxdy

    double a1[3],a2[3],a3[3];

    double jacobian_value,x0,x1,x2,y0,y1,y2;

    int ix0,ix1,ix2,iy0,iy1,iy2;

    double d1,d2,dx,dy,value;

    a1[0]=1.0; a1[1]=x0=point_data[0][0]; a1[2]=y0=point_data[0][1];

    a2[0]=1.0; a2[1]=x1=point_data[1][0]; a2[2]=y1=point_data[1][1];

    a3[0]=1.0; a3[1]=x2=point_data[2][0]; a3[2]=y2=point_data[2][1];

    jacobian_value=three_determinant(a1,a2, a3);        // 调用三阶行列式函数计算雅克比行列式值

    value=0;                                            // 初值置 0
```

```
        d1=jacobian_value*factorial(l)*factorial(m)/factorial(l+m+2);          //double factorial(int i) 为阶乘计算函数
        for(ix0=0;ix0<=l;ix0++)      {                                         // 进行单位单纯形积分计算
            for(ix1=0;ix1<=l-ix0;ix1++){
                ix2=l-ix0-ix1;
                dx=pow(x0,(double)ix0)*pow(x1,(double)ix1)*pow(x2,(double)ix2)/(factorial(ix0)*factorial(ix1)*factorial(ix2));
                for(iy0=0;iy0<=m;iy0++){
                    for(iy1=0;iy1<=m-iy0;iy1++){
                        iy2=m-iy0-iy1;
                      dy=pow(y0,(double)iy0)*pow(y1,(double)iy1)*pow(y2,(double)iy2)/(factorial(iy0)
                        *factorial(iy1)*factorial(iy2));
                      d2=factorial(ix0+iy0)*factorial(ix1+iy1)*factorial(ix2+iy2);
                      value=value+d1*dx*dy*d2;                                  // 累加每步计算结果
                    }
                }
            }
        }
        return value;                                                          // 返回二维单纯形积分值
}
```

表 2-2 三维单纯形积分算法伪代码

```
double simplex_integration_3d(double point_data[4][3],int l,int m,int n)
{
    // point_data 用于存储三维单纯形的 4 个顶点坐标，求得的积分为 ∫∫∫_V x^l y^m z^n dxdydz
    double a1[4],a2[4],a3[4],a4[4];
    double jacobian_value,x0,x1,x2,x3,y0,y1,y2,y3,z0,z1,z2,z3;
    int ix0,ix1,ix2,ix3,iy0,iy1,iy2,iy3,iz0,iz1,iz2,iz3;
    double d1,d2,dx,dy,dz,value;
    a1[0]=1.0; a1[1]=x0=point_data[0][0]; a1[2]=y0=point_data[0][1];a1[3]=z0=point_data[0][2];
    a2[0]=1.0; a2[1]=x1=point_data[1][0]; a2[2]=y1=point_data[1][1];a2[3]=z1=point_data[1][2];
    a3[0]=1.0; a3[1]=x2=point_data[2][0]; a3[2]=y2=point_data[2][1];a3[3]=z2=point_data[2][2];
    a4[0]=1.0; a4[1]=x3=point_data[3][0]; a4[2]=y3=point data[3][1];a4[3]=z3=point_data[3][2];
    jacobian_value=four_determinant(a1,a2,a3,a4);                      // 调用四阶行列式函数计算雅克比行列式值
    value=0;                                                          // 初值置 0
    d1=jacobian_value*factorial(l)*factorial(m)*factorial(n)/factorial(l+m+n+3); //double factorial(int i) 为阶乘计算函数
```

续表

```
    for(ix0=0;ix0<=l;ix0++){                                                    // 进行单位单纯形积分计算
        for(ix1=0;ix1<=l-ix0;ix1++){
            for(ix2=0;ix2<=l-ix0-ix1;ix2++){
                ix3=l-ix0-ix1-ix2;
                dx=pow(x0,(double)ix0)*pow(x1,(double)ix1)*pow(x2,(double)ix2)*pow(x3,(double)ix3)/(factorial(ix0)
                    *factorial(ix1)*factorial(ix2)*factorial(ix3));
                for(iy0=0;iy0<=m;iy0++){
                    for(iy1=0;iy1<=m-iy0;iy1++){
                        for(iy2=0;iy2<=m-iy0-iy1;iy2++){
                            iy3=m-iy0-iy1-iy2;
                            dy=pow(y0,(double)iy0)*pow(y1,(double)iy1)*pow(y2,(double)iy2)
                                *pow(y3,(double)iy3)/(factorial(iy0)*factorial(iy1)*factorial(iy2)*factorial(iy3));
                        for(iz0=0;iz0<=n;iz0++){
                            for(iz1=0;iz1<=n-iz0;iz1++){
                                for(iz2=0;iz2<=n-iz0-iz1;iz2++){
                                    iz3=n-iz0-iz1-iz2;
                                    dz=pow(z0,(double)iz0)*pow(z1,(double)iz1)*pow(z2,(double)iz2)
                                        *pow(z3,(double)iz3)/(factorial(iz0)*factorial(iz1)*factorial(iz2)
                                        *factorial(iz3));
                                    d2=(factorial(ix0+iy0+iz0)*factorial(ix1+iy1+iz1)
                                        *factorial(ix2+iy2+iz2)*factorial(ix3+iy3+iz3));
                                    value=value+d1*dx*dy*dz*d2; // 累加每步计算结果


    }}}}}}}}}
    return value;                                                              // 返回三维单纯形积分值

}
```

2.2 任意多边形和多面体上单纯形积分的计算流程

表 2-1 和表 2-2 给出的算法仅对二维和三维单纯形有效，要想实现任意形状多边形和多面体积分区域的单纯形积分，需要研究具体积分流程。石根华（1997）通过对二维单纯形积分的研究，得到了雅克比行列式 J 与单纯形顶点排列顺序的关系，如果单纯形的顶点按逆时针排列则 J 的值为正，反之则 J 的值为负。根据该研究结果，石根华（1997）给出了任意形状下二维单纯形积分的过程（图 2-1 所示）。对图 2-1 的凹多边形区域进行积分的过程如下：①把多边形的顶点按逆时针排列，本例为 $P_1 P_2 P_3 P_4$

$P_5 P_6$；②选一点 P_0，此点可以位于多边形内部或外部，在模型尺度较大时，为了提高计算精度和计算效率，一般选在某一顶点进行计算；③由 P_0 沿多边形顶点顺序逐次组成单纯形并分别积分，积分后的值累加，本例中的单纯形分别为 $P_0 P_1 P_2$、$P_0 P_2 P_3$、$P_0 P_3 P_4$、$P_0 P_4 P_5$、$P_0 P_5 P_6$、$P_0 P_6 P_1$。

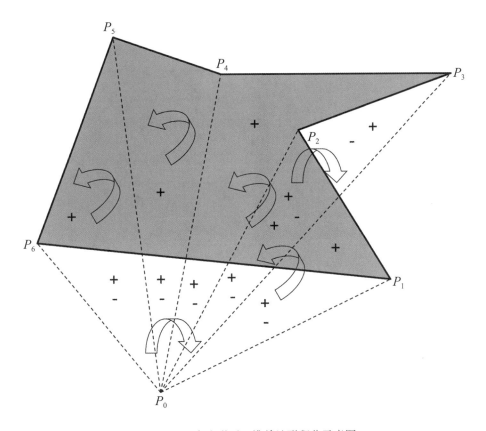

图 2-1 凹多边形下二维单纯形积分示意图

图 2-1 示例中标出了二维单纯形点位排列的方式，如 $P_0 P_1 P_2$（逆时针）、$P_0 P_2 P_3$（顺时针）、$P_0 P_3 P_4$（逆时针）、$P_0 P_4 P_5$（逆时针）、$P_0 P_5 P_6$（逆时针）、$P_0 P_6 P_1$（顺时针）。另外，图 2-1 中同时标出了每个封闭区域雅克比行列式 J 的值的正负。根据积分可加性原理，对 6 个单纯形积分结果进行累加，可以得到图中阴影部分的积分值。

针对任意形状多面体下的多项式积分过程，下面结合图 2-2 进行说明。具体流程如下：①把多面体每个面的顶点按外法线方向排列，即 $P_5 P_4 P_3 P_2 P_1$、$P_1 P_6 P_5$、$P_5 P_6 P_4$、$P_4 P_6 P_3$、$P_3 P_6 P_2$、$P_2 P_6 P_1$；②选一点 P_0，此点可以位于多面体内部或外部，在模型尺度较大时，为了提高计算精度和计算效率，一般可选定某一顶点进行计算；

③以多边形的面为单位进行单纯形积分，比如针对面 $P_1 P_2 P_3 P_4 P_5$，分别以 $P_0 P_1 P_2 P_3$、$P_0 P_1 P_3 P_4$、$P_0 P_1 P_4 P_5$ 三个单纯形进行积分，累加后完成该面的操作；④按③的步骤完成其他面的积分操作，全部累加后完成整个积分过程。

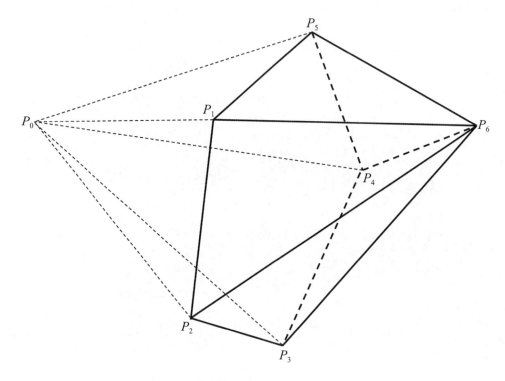

图 2-2　多面体下三维单纯形积分示意图

由于二维单纯形积分应用已经比较广泛，并且任意多边形二维单纯形积分的程序实现也比较简单，因此仅给出任意多面体三维单纯形积分的伪代码实现（表 2-3）。在具体的程序实现过程中，需要根据三维形状的数据结构对伪代码进行适当调整。

表 2-3　任意多面体三维单纯形积分伪代码

```
double calculate_3d_integration(int l, int m, int n)
{
        //计算任意形状多面体的多项式积分， ∭_V x^l y^m z^n dxdydz
        double integration_result=0.0;                                // 初始化积分返回值
        把 P0 点的三个坐标分量赋值给 point_data3[0][];
        for(i=0;i<plane_count;i++)                                    //plane_count 为多面体包含面的个数
        {
                把当前面第一个结点的三维坐标赋值给 point_data3[1][]
```

```
        k=2;          // 标记当前的结点个数
        确定当前面包含的结点个数并赋值给 node_count
        for(j=1;j<node_count;j++)                        // 对当前面包含的结点进行循环运算
        {
                把当前结点的三维坐标赋值给 point_data3[k][]
                k++; // 对 k 值进行加 1 运算
                if(k%4==0)                               // 进行一次单纯形积分运算
                {
                        // 进行积分运算并累加结果
                        integration_result+=simplex_integration_3d(point_data3,l,m,n);
                        // 积分运算后把第 3 组二维数组的值赋给第 2 组，并把 k 置为 3
                        point_data3[2][0]=point_data3[3][0];
                        point_data3[2][1]=point_data3[3][1];
                        point_data3[2][2]=point_data3[3][2];
                        k=3;
                }
        }
    return integration_result;
}
```

2.3　二维和三维单纯形积分的精度分析

2.3.1　中空规则形状下单纯形积分的精度分析

对于二维问题，中空的多边形积分在外边界正常积分的情况下，只需要把中空部分的顶点按顺时针排列并进行积分，把内外边界的积分结果相加即可得到最终结果。

图 2-3 给出了中空规则形状下的二维单纯形积分实例，该例中长方形的长和宽分别为 700 和 380，正六边形的边长为 115.47006025，正三角形的边长为 242.48710653，由此可以计算得到填充部分的理论面积。同时，利用单纯形积分方法可以得到积分区域的面积和重心，公式（2.3），式中 S、X、Y 分别代表多边形的面积、多边形重心的 X 坐标和 Y 坐标。

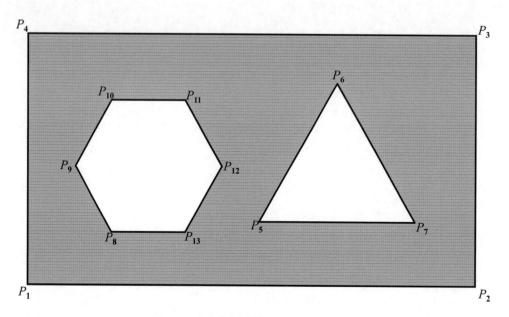

图 2-3　中空规则形状下二维单纯形积分

$$\left.\begin{aligned}
S &= \iint_S 1\,\mathrm{d}x\mathrm{d}y = \sum \text{simplex\_integration\_2d(point\_data,0,0)} \\
X &= \frac{\iint_S x\mathrm{d}x\mathrm{d}y}{S} = \frac{\iint_S x\mathrm{d}x\mathrm{d}y}{\iint_S 1\mathrm{d}x\mathrm{d}y} = \frac{\sum \text{simplex\_integration\_2d(point\_data,1,0)}}{\sum \text{simplex\_integration\_2d(point\_data,0,0)}} \\
Y &= \frac{\iint_S y\mathrm{d}x\mathrm{d}y}{S} = \frac{\iint_S y\mathrm{d}x\mathrm{d}y}{\iint_S 1\mathrm{d}x\mathrm{d}y} = \frac{\sum \text{simplex\_integration\_2d(point\_data,0,1)}}{\sum \text{simplex\_integration\_2d(point\_data,0,0)}}
\end{aligned}\right\} \quad (2.3)$$

　　表 2-4 给出了图 2-3 多边形的二维单纯形积分计算结果与解析解的对比，结果表明各部分的理论结果与计算结果在小数点后五位（面积的第 10 或 11 位有效数字，重心的第 8 位有效数字）保持一致。由于图 2-3 规则图形的长宽比不大，下面通过调整长宽比来研究图形条件对计算结果的影响（表 2-5）。

表 2-4　中空规则形状下二维单纯形积分结果与理论结果对比

几何形状	理论面积	计算面积	理论重心 X	计算重心 X	理论重心 Y	计算重心 Y
长方形	266000.00000	266000.00000	540.00000	540.00000	650.00000	650.00000
六边形	34641.02000	34641.02000	380.00000	380.00000	640.00000	640.00000
三角形	25461.14550	25461.14550	674.31785	674.31785	626.27240	626.27240
填充部分	205897.83450	205897.83450	—	550.30937	—	654.61657

表 2-5　图形条件对二维单纯形积分结果的影响

Y 坐标缩放比例	填充部分面积	填充部分重心 X	填充部分重心 Y
原始尺寸	205897.83449999997	550.30936961069779	654.61657150632027
Y 坐标 $\times 10^{-6}$	0.20589783449999988	550.30936961069824	0.0006546165715063209
Y 坐标 $\times 10^{-5}$	2.0589783450000003	550.30936961069813	0.0065461657150632053
Y 坐标 $\times 10^{-4}$	20.589783450000002	550.3093696106979	0.065461657150632041
Y 坐标 $\times 10^{-3}$	205.89783449999996	550.30936961069813	0.65461657150632047
Y 坐标 $\times 10^{-2}$	2058.9783449999995	550.3093696106979	6.5461657150632071
Y 坐标 $\times 10^{-1}$	20589.783449999999	550.3093696106979	65.461657150632064
Y 坐标 $\times 10^{1}$	2058978.3449999997	550.30936961069779	6546.1657150632063
Y 坐标 $\times 10^{2}$	20589783.449999999	550.30936961069813	65461.657150632076
Y 坐标 $\times 10^{3}$	205897834.50000000	550.3093696106979	654616.5715063205
Y 坐标 $\times 10^{4}$	2058978345.0000000	550.3093696106979	6546165.715063205
Y 坐标 $\times 10^{5}$	20589783450.000000	550.30936961069801	65461657.150632061
Y 坐标 $\times 10^{6}$	205897834500.00003	550.30936961069801	654616571.5063206

在表 2-5 结果中，由于只对 Y 坐标进行了尺度缩放，因此重心 X 坐标应该保持不变。如果取 14 位有效数字则重心 X 坐标均为 550.30936961070，相对误差在 10^{-15} 量值。另外，重心 X 值并不随 Y 坐标尺度的缩放呈系统性变化，即当 X 尺度远大于 Y 尺度或 Y 尺度远大于 X 尺度时，重心 X 均保持稳定。面积和重心 Y 的计算结果与尺度因子相关，15 位有效数字前保持稳定。由此可见，图形条件对积分结果的影响不具有系统性。

通过前面的分析，可以确定二维单纯形积分具有高精度的特性，下面对三维问题进行分析。对于中空结构的三维单纯形积分过程与二维类似，外表面采用图 2-2 的流程正常积分，内表面顶点按内法线方向排列并进行积分，最后相加即可得到最终结果。

图 2-4 实例中长方体的长、宽、高分别为 500、100、500，中空的 8 面体在 XOZ 平面上投影为一正六边形，边长为 173.205073711782，与 Y 轴平行的棱长为 100，根据上述信息可以计算填充部分的理论体积和重心。同时，利用单纯形积分方法也可以计算体积和重心，公式（2.4），式中 V、X、Y、Z 分别代表多面体的体积、多面体重心的 X 坐标、Y 坐标和 Z 坐标。

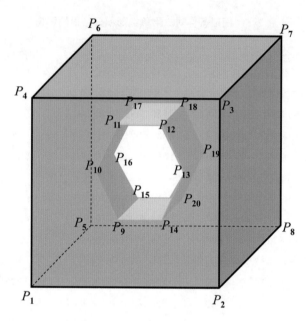

图 2-4　中空规则形状下三维单纯形积分

$$
\left.\begin{aligned}
V &= \iiint_V 1\mathrm{d}x\mathrm{d}y\mathrm{d}z = \sum \text{simplex\_integration\_3d(point\_data,0,0,0)} \\
X &= \frac{\iiint_V x\mathrm{d}x\mathrm{d}y\mathrm{d}z}{V} = \frac{\iiint_V x\mathrm{d}x\mathrm{d}y\mathrm{d}z}{\iiint_V 1\mathrm{d}x\mathrm{d}y\mathrm{d}z} = \frac{\sum \text{simplex\_integration\_3d(point\_data,1,0,0)}}{\sum \text{simplex\_integration\_3d(point\_data,0,0,0)}} \\
Y &= \frac{\iiint_V y\mathrm{d}x\mathrm{d}y\mathrm{d}z}{V} = \frac{\iiint_V y\mathrm{d}x\mathrm{d}y\mathrm{d}z}{\iiint_V 1\mathrm{d}x\mathrm{d}y\mathrm{d}z} = \frac{\sum \text{simplex\_integration\_3d(point\_data,0,1,0)}}{\sum \text{simplex\_integration\_3d(point\_data,0,0,0)}} \\
Z &= \frac{\iiint_V z\mathrm{d}x\mathrm{d}y\mathrm{d}z}{V} = \frac{\iiint_V z\mathrm{d}x\mathrm{d}y\mathrm{d}z}{\iiint_V 1\mathrm{d}x\mathrm{d}y\mathrm{d}z} = \frac{\sum \text{simplex\_integration\_3d(point\_data,0,0,1)}}{\sum \text{simplex\_integration\_3d(point\_data,0,0,0)}}
\end{aligned}\right\}
$$

$$（2.4）$$

表 2-6 结果表明各部分的理论结果与计算结果在小数点后五位（面积的第 12 或 13 位有效数字，重心的第 8 位有效数字）保持一致。仿照二维单纯形积分的图形条件影响分析过程对图 2-4 示例进行分析，表 2-7 给出了 Z 坐标缩放情况的分析结果。

表 2-6　中空规则形状下三维单纯形积分结果与理论结果对比

几何形状	理论体积	计算体积	计算重心 X	计算重心 Y	计算重心 Z
长方体	25000000.00000	25000000.00000	500.00000	150.00000	500.00000
八面体	7794228.00000	7794228.00000	500.00000	150.00000	500.00000
填充部分	17205772.00000	17205772.00000	500.00000	150.00000	500.00000

表 2-7　图形条件对三维单纯形积分结果的影响

Z坐标缩放比例	填充部分体积	填充部分重心 X	填充部分重心 Y	填充部分重心 Z
原始尺寸	17205772.000000000	500.00000000000000	150.00000000000000	500.00000000000000
Z坐标 $\times 10^{-6}$	17.205772000000000	499.99999999999994	149.99999999999994	0.00049999999999999969
Z坐标 $\times 10^{-5}$	172.05772000000002	500.00000000000006	149.99999999999994	0.0049999999999999992
Z坐标 $\times 10^{-4}$	1720.5772000000002	500.00000000000000	149.99999999999994	0.049999999999999982
Z坐标 $\times 10^{-3}$	17205.772000000001	499.99999999999989	149.99999999999997	0.49999999999999989
Z坐标 $\times 10^{-2}$	172057.72000000003	499.99999999999989	149.99999999999997	5.0000000000000000
Z坐标 $\times 10^{-1}$	1720577.2000000000	499.99999999999989	150.00000000000003	49.999999999999986
Z坐标 $\times 10^{1}$	172057720.00000003	500.00000000000000	149.99999999999997	5000.0000000000000
Z坐标 $\times 10^{2}$	1720577200.0000000	500.00000000000000	150.00000000000003	49999.999999999993
Z坐标 $\times 10^{3}$	17205772000.000000	500.00000000000000	150.00000000000000	500000.00000000000
Z坐标 $\times 10^{4}$	172057720000.00003	499.99999999999989	149.99999999999997	5000000.0000000009
Z坐标 $\times 10^{5}$	1720577200000.0000	500.00000000000006	150.00000000000003	50000000.000000000
Z坐标 $\times 10^{6}$	17205772000000.000	500.00000000000000	150.00000000000000	500000000.00000012

表 2-7 结果中，由于只对 Z 坐标进行了尺度缩放，因此重心 X、Y 坐标应该保持不变，体积及重心 Z 随缩放尺度变化。表 2-7 中重心 X、Y 如果按四舍五入原则取小数点后 12 位保持一致，结果均为 $X=500.000000000000$，$Y=150.000000000000$，相对误差在 10^{-15} 量值。另外，重心 X 值、Y 值不随 Z 坐标尺度的缩放呈系统性变化，即当 X 和 Y 尺度远大于 Z 尺度或 Z 尺度远大于 X 和 Y 尺度时，重心 X 和 Y 均保持稳定。由此可见，图形条件对三维单纯形积分结果的影响不具有系统性，其差异主要是由计算机的计算误差引起的。因此，可以确定三维单纯形积分具有高精度的特性。

2.3.2　中空非规则形状下单纯形积分的普适性分析

通过对中空规则形状下二维和三维单纯形积分的精度分析，初步验证了单纯形积分的高精确性。下面结合具体例子对单纯形积分的普适性进行分析，图 2-5 给出了中空非规则形状下二维单纯形积分示例，图 2-6 给出了中空非规则形状下三维单纯形积分示例。

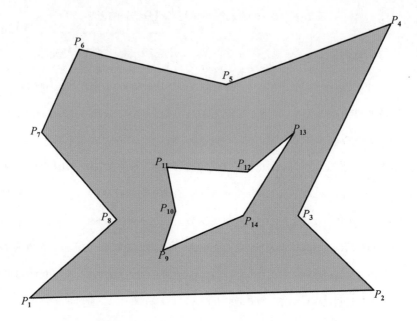

图 2-5　中空非规则形状下二维单纯形积分

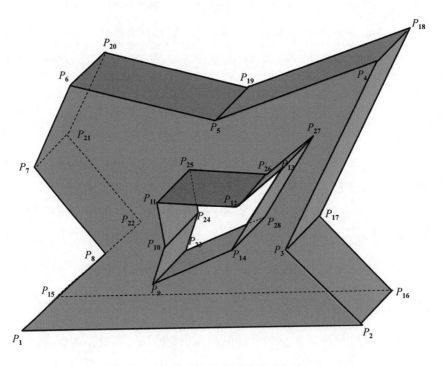

图 2-6　中空非规则形状下三维单纯形积分

由于图 2-5 和图 2-6 均为非规则形状，因此无法找到理论值与计算结果对比。为了检验计算结果是否可靠，本节设计的图 2-5 和图 2-6 实例在 XOZ 平面内顶点一一对应，因此两者重心的 X 坐标和 Z 坐标也应该相等。图 2-6 填充部分的体积等于图 2-5 填充部分面积与模型厚度的乘积。表 2-8 给出了计算结果。

表 2-8 中空非规则单纯形积分结果

模型厚度	填充部分面积 / 体积	填充部分重心 X	填充部分重心 Y	填充部分重心 Z
0	305800.00000000000	677.49890996293868	—	740.07139742751269
0.0001	30.580000000000002	677.49890996293868	0.000049999999999999975	740.07139742751269
0.001	305.7999999999999	677.49890996293902	0.00050000000000000034	740.07139742751247
0.01	3057.9999999999995	677.49890996293880	0.0050000000000000001	740.07139742751269
0.1	30579.999999999996	677.49890996293891	0.049999999999999996	740.07139742751269
1	305800.00000000006	677.49890996293857	0.49999999999999989	740.07139742751247
10	3057999.9999999991	677.49890996293880	5.0000000000000018	740.07139742751269
100	30580000.000000004	677.49890996293868	50.000000000000000	740.07139742751258
1000	305800000.00000006	677.49890996293857	499.99999999999989	740.07139742751247
10000	3057999999.9999990	677.49890996293880	5000.0000000000018	740.07139742751269
100000	30580000000.000015	677.49890996293846	49999.999999999985	740.07139742751224
1000000	305800000000.00006	677.49890996293857	499999.99999999977	740.07139742751235

注：模型厚度为沿 Y 方向，0 表示二维，否则为三维。

根据表 2-8 给出的中空非规则二维和三维单纯形积分结果可以得到与规则形状相同的结论，即单纯形积分具有高精度的特点。其中，二维结果的重心 X 和 Z 与三维结果具有高度的一致性，按四舍五入原则在小数点后 12 位保持一致，相对误差量值为 10^{-15}。三维问题的重心 Y 坐标的理论值为模型厚度的一半，计算结果与理论结果的相对误差同样为 10^{-15} 量值。同时，误差不随模型厚度的增加而增加，具有一定的随机特性，主要为计算误差。更为重要的是表 2-8 结果表明单纯形积分具有普适性特点，即使如图 2-6 这样的复杂中空非规则图形仍然能够取得高精度的结果。

2.3.3 中空非规则形状下高阶单纯形积分

前面对面积（体积）和重心的分析仅涉及 0 阶和一阶积分问题，下面对高阶多项式积分问题进行讨论。积分区域依然选择中空非规则形状（图 2-5 和图 2-6），积分表达式如公式（2.5）所示。

$$\left. \begin{array}{l} \iint_S x^7 z^8 \mathrm{d}x\mathrm{d}z = \sum \text{simplex\_integration\_2d(point\_data,7,8)} \\ \iiint_V x^7 z^8 \mathrm{d}x\mathrm{d}y\mathrm{d}z = \sum \text{simplex\_integration\_3d(point\_data,7,0,8)} \end{array} \right\} \tag{2.5}$$

由于图 2-5 和图 2-6 的各顶点在 XOZ 坐标平面内一一对应，同时公式（2.5）的积分符号内多项式又完全相同，因此二维和三维的积分差异仅与模型厚度（ Y 坐标方向）有关。表 2-9 给出了计算结果。

表 2-9　中空非规则图形条件下高阶单纯形积分结果

模型厚度	积分结果	模型厚度	积分结果
0	2.9390077559802512e+049	10	2.9390077559802495e+050
0.0001	2.9390077559802467e+045	100	2.9390077559802489e+051
0.001	2.9390077559802503e+046	1000	2.9390077559802531e+052
0.01	2.9390077559802496e+047	10000	2.9390077559802509e+053
0.1	2.9390077559802473e+048	100000	2.9390077559802453e+054
1	2.9390077559802501e+049	1000000	2.9390077559802498e+055

注：模型厚度为沿 Y 方向，0 表示二维，否则为三维。

根据公式（2.5）所示，三维积分结果应该等于二维积分结果与模型沿 Y 方向厚度的乘积，表 2-9 结果表明二者在第 14 位有效数字保持一致，相对误差在 10^{-15} 量值。因此，高阶多项式的单纯形积分结果同样具有高精度和普适性的特点。

2.4　小结

本章给出了任意形状多边形和多面体区域多项式精确积分的公式、算法和模型分析，为 3D-NMM 研究奠定了精确积分基础，得到了如下认识。

（1）通过本章给出的二维和三维单纯形积分算法和流程可以实现高阶多项式在任意复杂多边形和多面体上的积分，该积分算法可以直接应用于三维 DDA 和三维 NMM 的程序设计中（Chen，1997；Shi，1984，1992，1996，2001）。

（2）本章给出的多边形及多面体的面积 / 体积和重心算法可以精确求解任意复杂多边形和多面体的面积 / 体积及重心，算法适合凹多边形、凹多面体、中间有洞的多边形或多面体，具有高度的普适性和精确性（相对误差为 10^{-15} 量值）。

（3）通过本章中空规则形状和中空非规则形状下二维和三维问题图形条件影响的分析，即使尺度从 10^{-6} 变化到 10^6，面积 / 体积及重心结果依然维持在稳定状态，误差分布具有随机特性，不依赖于尺度变化，表明误差主要来源于计算机的计算误差，算法本身高度稳定。

（4）高阶多项式积分结果表明，计算误差并不随积分项阶数的增加而升高，相对

误差维持在 10^{-15} 量值，并且不受图形条件影响。因此，在高阶的情况下单纯形积分算法同样具有高度稳定性和精确性。

综上所述，单纯形积分结果具有高度的稳定性和精确性，算例中计算结果与理论结果的差异是由计算机的计算误差造成的。

第三章　三维数值流形方法弹性本构关系公式推导

　　数值流形方法的数学网格由许多有限覆盖组成，按照材料的区域这些覆盖相互重叠并涵盖全部材料体。在各个覆盖上，数值流形方法定义一个独立的覆盖函数，总体的位移函数为几个覆盖的共同部分上的局部独立覆盖函数的加权平均。对数值流形计算来说，数学覆盖和物理单元是相互耦合的。当断层或块体边界把一个数学覆盖分成两个或更多的完全不连续的区域，这些区域定义为物理覆盖，因此物理覆盖是不连续面对数学覆盖的再剖分（Shi, 1996; 石根华，1997）。为了实现弹性本构关系的3D-NMM 的公式推导，本章选择 8 结点六面体数学覆盖（图 1-1），从权函数出发进行公式推导，以确定三维数值流形方法每个矩阵元素的表达式。

3.1　单元权函数推导

　　数值流形方法中单元是物理覆盖相交的公共区域，是几个物理覆盖的交集（Shi, 1996; 石根华，1997）。其权函数与有限元的形函数类似，需要满足三个基本条件，见公式（3.1），式中 $W_{ei}(x, y, z)$ 为第 i 个覆盖的权函数。

$$\left. \begin{array}{l} W_{ei}(x, y, z) \geqslant 0 \quad (x, y, z \in ei) \\ W_{ei}(x, y, z) = 0 \quad (x, y, z \notin ei) \\ \sum_{(x, y, z) \in ei} W_{ei}(x, y, z) = 1 \end{array} \right\} \qquad (3.1)$$

　　在本章中覆盖位移函数选择为常数，即每个覆盖上 u_{ei}、v_{ei} 和 w_{ei}（表示 x, y, z 方向的位移）均为 0 阶。因此，根据权函数的定义可以采用矩阵求逆的方式确定每个单元的权函数，公式（3.2）和公式（3.3）。

$$\begin{bmatrix} 1 & x_{e1} & y_{e1} & z_{e1} & xy_{e1} & xz_{e1} & yz_{e1} & xyz_{e1} \\ 1 & x_{e2} & y_{e2} & z_{e2} & xy_{e2} & xz_{e2} & yz_{e2} & xyz_{e2} \\ 1 & x_{e3} & y_{e3} & z_{e3} & xy_{e3} & xz_{e3} & yz_{e3} & xyz_{e3} \\ 1 & x_{e4} & y_{e4} & z_{e4} & xy_{e4} & xz_{e4} & yz_{e4} & xyz_{e4} \\ 1 & x_{e5} & y_{e5} & z_{e5} & xy_{e5} & xz_{e5} & yz_{e5} & xyz_{e5} \\ 1 & x_{e6} & y_{e6} & z_{e6} & xy_{e6} & xz_{e6} & yz_{e6} & xyz_{e6} \\ 1 & x_{e7} & y_{e7} & z_{e7} & xy_{e7} & xz_{e7} & yz_{e7} & xyz_{e7} \\ 1 & x_{e8} & y_{e8} & z_{e8} & xy_{e8} & xz_{e8} & yz_{e8} & xyz_{e8} \end{bmatrix} \begin{bmatrix} f_{11} & f_{21} & f_{31} & f_{41} & f_{51} & f_{61} & f_{71} & f_{81} \\ f_{12} & f_{22} & f_{32} & f_{42} & f_{52} & f_{62} & f_{72} & f_{82} \\ f_{13} & f_{23} & f_{33} & f_{43} & f_{53} & f_{63} & f_{73} & f_{83} \\ f_{14} & f_{24} & f_{34} & f_{44} & f_{54} & f_{64} & f_{74} & f_{84} \\ f_{15} & f_{25} & f_{35} & f_{45} & f_{55} & f_{65} & f_{75} & f_{85} \\ f_{16} & f_{26} & f_{36} & f_{46} & f_{56} & f_{66} & f_{76} & f_{86} \\ f_{17} & f_{27} & f_{37} & f_{47} & f_{57} & f_{67} & f_{77} & f_{87} \\ f_{18} & f_{28} & f_{38} & f_{48} & f_{58} & f_{68} & f_{78} & f_{88} \end{bmatrix}$$

$$= \begin{bmatrix} 1 & 0 & 0 & 0 & 0 & 0 & 0 & 0 \\ 0 & 1 & 0 & 0 & 0 & 0 & 0 & 0 \\ 0 & 0 & 1 & 0 & 0 & 0 & 0 & 0 \\ 0 & 0 & 0 & 1 & 0 & 0 & 0 & 0 \\ 0 & 0 & 0 & 0 & 1 & 0 & 0 & 0 \\ 0 & 0 & 0 & 0 & 0 & 1 & 0 & 0 \\ 0 & 0 & 0 & 0 & 0 & 0 & 1 & 0 \\ 0 & 0 & 0 & 0 & 0 & 0 & 0 & 1 \end{bmatrix} \tag{3.2}$$

将公式（3.2）写成矩阵形式为 $\boldsymbol{X}_e\boldsymbol{F}=\boldsymbol{E}$，因此 $\boldsymbol{F}=\boldsymbol{X}_e^{-1}$。进而推出权函数表述形式为 $\boldsymbol{W}=\boldsymbol{F}^T\boldsymbol{X}^T$，写成具体形式见公式（3.3）。

$$\begin{bmatrix} W_{e1} \\ W_{e2} \\ W_{e3} \\ W_{e4} \\ W_{e5} \\ W_{e6} \\ W_{e7} \\ W_{e8} \end{bmatrix} = \begin{bmatrix} f_{11} & f_{21} & f_{31} & f_{41} & f_{51} & f_{61} & f_{71} & f_{81} \\ f_{12} & f_{22} & f_{32} & f_{42} & f_{52} & f_{62} & f_{72} & f_{82} \\ f_{13} & f_{23} & f_{33} & f_{43} & f_{53} & f_{63} & f_{73} & f_{83} \\ f_{14} & f_{24} & f_{34} & f_{44} & f_{54} & f_{64} & f_{74} & f_{84} \\ f_{15} & f_{25} & f_{35} & f_{45} & f_{55} & f_{65} & f_{75} & f_{85} \\ f_{16} & f_{26} & f_{36} & f_{46} & f_{56} & f_{66} & f_{76} & f_{86} \\ f_{17} & f_{27} & f_{37} & f_{47} & f_{57} & f_{67} & f_{77} & f_{87} \\ f_{18} & f_{28} & f_{38} & f_{48} & f_{58} & f_{68} & f_{78} & f_{88} \end{bmatrix}^T \begin{bmatrix} 1 \\ x \\ y \\ z \\ xy \\ xz \\ yz \\ xyz \end{bmatrix}$$

$$= \left(\begin{bmatrix} 1 & x_{e1} & y_{e1} & z_{e1} & xy_{e1} & xz_{e1} & yz_{e1} & xyz_{e1} \\ 1 & x_{e2} & y_{e2} & z_{e2} & xy_{e2} & xz_{e2} & yz_{e2} & xyz_{e2} \\ 1 & x_{e3} & y_{e3} & z_{e3} & xy_{e3} & xz_{e3} & yz_{e3} & xyz_{e3} \\ 1 & x_{e4} & y_{e4} & z_{e4} & xy_{e4} & xz_{e4} & yz_{e4} & xyz_{e4} \\ 1 & x_{e5} & y_{e5} & z_{e5} & xy_{e5} & xz_{e5} & yz_{e5} & xyz_{e5} \\ 1 & x_{e6} & y_{e6} & z_{e6} & xy_{e6} & xz_{e6} & yz_{e6} & xyz_{e6} \\ 1 & x_{e7} & y_{e7} & z_{e7} & xy_{e7} & xz_{e7} & yz_{e7} & xyz_{e7} \\ 1 & x_{e8} & y_{e8} & z_{e8} & xy_{e8} & xz_{e8} & yz_{e8} & xyz_{e8} \end{bmatrix}^{-1} \right)^T \begin{bmatrix} 1 \\ x \\ y \\ z \\ xy \\ xz \\ yz \\ xyz \end{bmatrix} \tag{3.3}$$

利用公式（3.3）求得的表达式可以满足公式（3.1）的要求。特殊情况下，当数学网格的每个顶点为一个数学覆盖的形心，网格的棱与三条坐标轴的方向完全平行，且不同数学网格的 $\Delta x_i = \Delta x_j$、$\Delta y_i = \Delta y_j$、$\Delta z_i = \Delta z_j$ 时，设某六面体数学网格的最小顶点坐标与最大顶点（每个顶点为一个数学覆盖的形心）坐标有如下关系：$[x_1 \; y_1 \; z_1] = [x_0 \; y_0 \; z_0] + [\Delta x \; \Delta y \; \Delta z]$，可以得到与数学网格 8 结点对应的数学覆盖的权函数表达式，公式（3.4）。

$$
\left.
\begin{aligned}
P_0\left(x_0, y_0, z_0\right) \quad W_{e0} &= \frac{1}{\Delta x \Delta y \Delta z}\left(x_1 - x\right)\left(y_1 - y\right)\left(z_1 - z\right) \\
&= \frac{1}{\Delta x \Delta y \Delta z}\left(x_1 y_1 z_1 - y_1 z_1 x - x_1 z_1 y - x_1 y_1 z + z_1 xy + y_1 xz + x_1 yz - xyz\right) \\[4pt]
P_1\left(x_1, y_0, z_0\right) \quad W_{e1} &= \frac{1}{\Delta x \Delta y \Delta z}\left(x - x_0\right)\left(y_1 - y\right)\left(z_1 - z\right) \\
&= \frac{1}{\Delta x \Delta y \Delta z}\left(-x_0 y_1 z_1 + y_1 z_1 x + x_0 z_1 y + x_0 y_1 z - z_1 xy - y_1 xz - x_0 yz + xyz\right) \\[4pt]
P_2\left(x_1, y_1, z_0\right) \quad W_{e2} &= \frac{1}{\Delta x \Delta y \Delta z}\left(x - x_0\right)\left(y - y_0\right)\left(z_1 - z\right) \\
&= \frac{1}{\Delta x \Delta y \Delta z}\left(x_0 y_0 z_1 - y_0 z_1 x - x_0 z_1 y - x_0 y_0 z + z_1 xy + y_0 xz + x_0 yz - xyz\right) \\[4pt]
P_3\left(x_0, y_1, z_0\right) \quad W_{e3} &= \frac{1}{\Delta x \Delta y \Delta z}\left(x_1 - x\right)\left(y - y_0\right)\left(z_1 - z\right) \\
&= \frac{1}{\Delta x \Delta y \Delta z}\left(-x_1 y_0 z_1 + y_0 z_1 x + x_1 z_1 y + x_1 y_0 z - z_1 xy - y_0 xz - x_1 yz + xyz\right) \\[4pt]
P_4\left(x_0, y_0, z_1\right) \quad W_{e4} &= \frac{1}{\Delta x \Delta y \Delta z}\left(x_1 - x\right)\left(y_1 - y\right)\left(z - z_0\right) \\
&= \frac{1}{\Delta x \Delta y \Delta z}\left(-x_1 y_1 z_0 + y_1 z_0 x + x_1 z_0 y + x_1 y_1 z - z_0 xy - y_1 xz - x_1 yz + xyz\right) \\[4pt]
P_5\left(x_1, y_0, z_1\right) \quad W_{e5} &= \frac{1}{\Delta x \Delta y \Delta z}\left(x - x_0\right)\left(y_1 - y\right)\left(z - z_0\right) \\
&= \frac{1}{\Delta x \Delta y \Delta z}\left(x_0 y_1 z_0 - y_1 z_0 x - x_0 z_0 y - x_0 y_1 z + z_0 xy + y_1 xz + x_0 yz - xyz\right) \\[4pt]
P_6\left(x_1, y_1, z_1\right) \quad W_{e6} &= \frac{1}{\Delta x \Delta y \Delta z}\left(x - x_0\right)\left(y - y_0\right)\left(z - z_0\right) \\
&= \frac{1}{\Delta x \Delta y \Delta z}\left(-x_0 y_0 z_0 + y_0 z_0 x + x_0 z_0 y + x_0 y_0 z - z_0 xy - y_0 xz - x_0 yz + xyz\right) \\[4pt]
P_7\left(x_0, y_1, z_1\right) \quad W_{e7} &= \frac{1}{\Delta x \Delta y \Delta z}\left(x_1 - x\right)\left(y - y_0\right)\left(z - z_0\right) \\
&= \frac{1}{\Delta x \Delta y \Delta z}\left(x_1 y_0 z_0 - y_0 z_0 x - x_1 z_0 y - x_1 y_0 z + z_0 xy + y_0 xz + x_1 yz - xyz\right)
\end{aligned}
\right\} \quad (3.4)
$$

把公式（3.4）的权函数写成矩阵形式如公式（3.5）所示，此时考虑与 C++ 语言编程规则匹配，i,j 均从 0 开始。

$$\begin{bmatrix} W_{e0}(x,y,z) \\ W_{e1}(x,y,z) \\ W_{e2}(x,y,z) \\ W_{e3}(x,y,z) \\ W_{e4}(x,y,z) \\ W_{e5}(x,y,z) \\ W_{e6}(x,y,z) \\ W_{e7}(x,y,z) \end{bmatrix} = \begin{bmatrix} f_{00} & f_{01} & f_{02} & f_{03} & f_{04} & f_{05} & f_{06} & f_{07} \\ f_{10} & f_{11} & f_{12} & f_{13} & f_{14} & f_{15} & f_{16} & f_{17} \\ f_{20} & f_{21} & f_{22} & f_{23} & f_{24} & f_{25} & f_{26} & f_{27} \\ f_{30} & f_{31} & f_{32} & f_{33} & f_{34} & f_{35} & f_{36} & f_{37} \\ f_{40} & f_{41} & f_{42} & f_{43} & f_{44} & f_{45} & f_{46} & f_{47} \\ f_{50} & f_{51} & f_{52} & f_{53} & f_{54} & f_{55} & f_{56} & f_{57} \\ f_{60} & f_{61} & f_{62} & f_{63} & f_{64} & f_{65} & f_{66} & f_{67} \\ f_{70} & f_{71} & f_{72} & f_{73} & f_{74} & f_{75} & f_{76} & f_{77} \end{bmatrix} \begin{bmatrix} 1 \\ x \\ y \\ z \\ xy \\ xz \\ yz \\ xyz \end{bmatrix}$$

$$= \frac{1}{\Delta x \Delta y \Delta z} \begin{bmatrix} x_1 y_1 z_1 & -y_1 z_1 & -x_1 z_1 & -x_1 y_1 & z_1 & y_1 & x_1 & -1 \\ -x_0 y_1 z_1 & y_1 z_1 & x_0 z_1 & x_0 y_1 & -z_1 & -y_1 & -x_0 & 1 \\ x_0 y_0 z_1 & -y_0 z_1 & -x_0 z_1 & -x_0 y_0 & z_1 & y_0 & x_0 & -1 \\ -x_1 y_0 z_1 & y_0 z_1 & x_1 z_1 & x_1 y_0 & -z_1 & -y_0 & -x_1 & 1 \\ -x_1 y_1 z_0 & y_1 z_0 & x_1 z_0 & x_1 y_1 & -z_0 & -y_1 & -x_1 & 1 \\ x_0 y_1 z_0 & -y_1 z_0 & -x_0 z_0 & -x_0 y_1 & z_0 & y_1 & x_0 & -1 \\ -x_0 y_0 z_0 & y_0 z_0 & x_0 z_0 & x_0 y_0 & -z_0 & -y_0 & -x_0 & 1 \\ x_1 y_0 z_0 & -y_0 z_0 & -x_1 z_0 & -x_1 y_0 & z_0 & y_0 & x_1 & -1 \end{bmatrix} \begin{bmatrix} 1 \\ x \\ y \\ z \\ xy \\ xz \\ yz \\ xyz \end{bmatrix} \tag{3.5}$$

3.2 单元位移、应变表达式推导

根据三维数值流形方法基本原理，单元上任意一点的位移可以表示为公式（3.6），其中 $W_{ei}(x,y,z)$ 为数学覆盖权函数，$u_{ei}(x,y,z)$ 为覆盖位移函数，可以为常量或级数展开（本研究采用常量方式），以 D_{ui}、D_{vi}、D_{wi} 表示。

根据下页的公式（3.6），令 $[T_e]$ 等于下页的公式（3.7）。

$$\begin{bmatrix} u(x,y,z) \\ v(x,y,z) \\ w(x,y,z) \end{bmatrix} = \begin{bmatrix} \sum_{i=0}^{7} W_{ei}(x,y,z)\, u_{ei}(x,y,z) \\ \sum_{i=0}^{7} W_{ei}(x,y,z)\, v_{ei}(x,y,z) \\ \sum_{i=0}^{7} W_{ei}(x,y,z)\, w_{ei}(x,y,z) \end{bmatrix} = \begin{bmatrix} \sum_{i=0}^{7} W_{ei}(x,y,z)\, D_{ui} \\ \sum_{i=0}^{7} W_{ei}(x,y,z)\, D_{vi} \\ \sum_{i=0}^{7} W_{ei}(x,y,z)\, D_{wi} \end{bmatrix}$$

$$= \begin{bmatrix} W_{e0} & 0 & 0 & W_{e1} & 0 & 0 & W_{e2} & 0 & 0 & W_{e3} & 0 & 0 & W_{e4} & 0 & 0 & W_{e5} & 0 & 0 & W_{e6} & 0 & 0 & W_{e7} & 0 & 0 \\ 0 & W_{e0} & 0 & 0 & W_{e1} & 0 & 0 & W_{e2} & 0 & 0 & W_{e3} & 0 & 0 & W_{e4} & 0 & 0 & W_{e5} & 0 & 0 & W_{e6} & 0 & 0 & W_{e7} & 0 \\ 0 & 0 & W_{e0} & 0 & 0 & W_{e1} & 0 & 0 & W_{e2} & 0 & 0 & W_{e3} & 0 & 0 & W_{e4} & 0 & 0 & W_{e5} & 0 & 0 & W_{e6} & 0 & 0 & W_{e7} \end{bmatrix}$$

$$\begin{bmatrix} u_{e0} & v_{e0} & w_{e0} & u_{e1} & v_{e1} & w_{e1} & u_{e2} & v_{e2} & w_{e2} & u_{e3} & v_{e3} & w_{e3} & u_{e4} & v_{e4} & w_{e4} & u_{e5} & v_{e5} & w_{e5} & u_{e6} & v_{e6} & w_{e6} & u_{e7} & v_{e7} & w_{e7} \end{bmatrix}^{\mathrm{T}} \tag{3.6}$$

$$\begin{bmatrix} \boldsymbol{T}_e \end{bmatrix} = \begin{bmatrix} W_{e0} & 0 & 0 & W_{e1} & 0 & 0 & W_{e2} & 0 & 0 & W_{e3} & 0 & 0 & W_{e4} & 0 & 0 & W_{e5} & 0 & 0 & W_{e6} & 0 & 0 & W_{e7} & 0 & 0 \\ 0 & W_{e0} & 0 & 0 & W_{e1} & 0 & 0 & W_{e2} & 0 & 0 & W_{e3} & 0 & 0 & W_{e4} & 0 & 0 & W_{e5} & 0 & 0 & W_{e6} & 0 & 0 & W_{e7} & 0 \\ 0 & 0 & W_{e0} & 0 & 0 & W_{e1} & 0 & 0 & W_{e2} & 0 & 0 & W_{e3} & 0 & 0 & W_{e4} & 0 & 0 & W_{e5} & 0 & 0 & W_{e6} & 0 & 0 & W_{e7} \end{bmatrix} \tag{3.7}$$

可以推导出单元应变表达式，见公式（3.8）。

$$\begin{bmatrix} \varepsilon_x \\ \varepsilon_y \\ \varepsilon_z \\ \varepsilon_{xy} \\ \varepsilon_{xz} \\ \varepsilon_{yz} \end{bmatrix} = \begin{bmatrix} \dfrac{\partial u}{\partial x} \\ \dfrac{\partial v}{\partial y} \\ \dfrac{\partial w}{\partial z} \\ \dfrac{\partial u}{\partial y}+\dfrac{\partial v}{\partial x} \\ \dfrac{\partial u}{\partial z}+\dfrac{\partial w}{\partial x} \\ \dfrac{\partial v}{\partial z}+\dfrac{\partial w}{\partial y} \end{bmatrix} = \begin{bmatrix} \sum\limits_{i=0}^{7}\dfrac{\partial\left(W_{ei}(x,y,z)\right)}{\partial x}\bullet D_{ui} \\ \sum\limits_{i=0}^{7}\dfrac{\partial\left(W_{ei}(x,y,z)\right)}{\partial y}\bullet D_{vi} \\ \sum\limits_{i=0}^{7}\dfrac{\partial\left(W_{ei}(x,y,z)\right)}{\partial z}\bullet D_{wi} \\ \sum\limits_{i=0}^{7}\dfrac{\partial\left(W_{ei}(x,y,z)\right)}{\partial y}\bullet D_{ui}+\sum\limits_{i=0}^{7}\dfrac{\partial\left(W_{ei}(x,y,z)\right)}{\partial x}\bullet D_{vi} \\ \sum\limits_{i=0}^{7}\dfrac{\partial\left(W_{ei}(x,y,z)\right)}{\partial z}\bullet D_{ui}+\sum\limits_{i=0}^{7}\dfrac{\partial\left(W_{ei}(x,y,z)\right)}{\partial x}\bullet D_{wi} \\ \sum\limits_{i=0}^{7}\dfrac{\partial\left(W_{ei}(x,y,z)\right)}{\partial z}\bullet D_{vi}+\sum\limits_{i=0}^{7}\dfrac{\partial\left(W_{ei}(x,y,z)\right)}{\partial y}\bullet D_{wi} \end{bmatrix} = [\boldsymbol{B}_e]\bullet[\boldsymbol{D}_e] \quad (3.8)$$

根据公式 (3.6) ~（3.8）可以得到 $[\boldsymbol{B}_e]$ 矩阵的具体形式，见公式（3.9）。

$$
[\boldsymbol{B}_e]=
\begin{bmatrix}
\frac{\partial W_{e0}}{\partial x} & 0 & 0 & \cdots & \frac{\partial W_{e7}}{\partial x} & 0 & 0 \\[4pt]
0 & \frac{\partial W_{e0}}{\partial y} & 0 & \cdots & 0 & \frac{\partial W_{e7}}{\partial y} & 0 \\[4pt]
0 & 0 & \frac{\partial W_{e0}}{\partial z} & \cdots & 0 & 0 & \frac{\partial W_{e7}}{\partial z} \\[4pt]
\frac{\partial W_{e0}}{\partial y} & \frac{\partial W_{e0}}{\partial x} & 0 & \cdots & \frac{\partial W_{e7}}{\partial y} & \frac{\partial W_{e7}}{\partial x} & 0 \\[4pt]
0 & \frac{\partial W_{e0}}{\partial z} & \frac{\partial W_{e0}}{\partial y} & \cdots & 0 & \frac{\partial W_{e7}}{\partial z} & \frac{\partial W_{e7}}{\partial y} \\[4pt]
\frac{\partial W_{e0}}{\partial z} & 0 & \frac{\partial W_{e0}}{\partial x} & \cdots & \frac{\partial W_{e7}}{\partial z} & 0 & \frac{\partial W_{e7}}{\partial x}
\end{bmatrix}
\tag{3.9}
$$

Each node block (for $e0, e1, e2, e3, e4, e5, e6, e7$) has the form:

$$
\begin{bmatrix}
\frac{\partial W_{ei}}{\partial x} & 0 & 0 \\[4pt]
0 & \frac{\partial W_{ei}}{\partial y} & 0 \\[4pt]
0 & 0 & \frac{\partial W_{ei}}{\partial z} \\[4pt]
\frac{\partial W_{ei}}{\partial y} & \frac{\partial W_{ei}}{\partial x} & 0 \\[4pt]
0 & \frac{\partial W_{ei}}{\partial z} & \frac{\partial W_{ei}}{\partial y} \\[4pt]
\frac{\partial W_{ei}}{\partial z} & 0 & \frac{\partial W_{ei}}{\partial x}
\end{bmatrix}
$$

根据公式（3.3）和公式（3.9）得：$\dfrac{\partial W_{ei}}{\partial x}=f_{i1}+f_{i4}y+f_{i5}z+f_{i7}yz$、$\dfrac{\partial W_{ei}}{\partial y}=f_{i2}+f_{i4}x+f_{i6}z+f_{i7}xz$ 和 $\dfrac{\partial W_{ei}}{\partial z}=f_{i3}+f_{i5}x+f_{i6}y+f_{i7}xy$，只需将上述各式带入公式（3.9）即可得到完整的矩阵表达式。

在弹性本构下，应力应变的关系公式（3.10）所示，其中 E 为材料的杨氏模量、v 为泊松比。

$$
\begin{bmatrix}\sigma_x\\\sigma_y\\\sigma_z\\\sigma_{xy}\\\sigma_{xz}\\\sigma_{yz}\end{bmatrix}=\frac{E}{(1+v)(1-2v)}\begin{bmatrix}1-v & v & v & 0 & 0 & 0\\ v & 1-v & v & 0 & 0 & 0\\ v & v & 1-v & 0 & 0 & 0\\ 0 & 0 & 0 & \frac{1-2v}{2} & 0 & 0\\ 0 & 0 & 0 & 0 & \frac{1-2v}{2} & 0\\ 0 & 0 & 0 & 0 & 0 & \frac{1-2v}{2}\end{bmatrix}\begin{bmatrix}\varepsilon_x\\\varepsilon_y\\\varepsilon_z\\\varepsilon_{xy}\\\varepsilon_{xz}\\\varepsilon_{yz}\end{bmatrix} \tag{3.10}
$$

在弹性本构关系下，3D–NMM 的刚度矩阵、惯性矩阵、荷载矩阵等等表现形式与二维数值流形方法（Shi，1996；石根华，1997）一致，因此略去复杂的公式推导过程，直接给出各个矩阵元素的表达式，公式中约定 $[K_e]$ 为未知数的系数矩阵、$[F_e]$ 为常数项。对积分项采用先积分后调用的原则进行处理，积分方法为第二章的单纯形精确积分算法。把本章中涉及每个物理单元的 1、x、y、z、x^2、y^2、z^2、xy、xz、yz、xy^2、xz^2、x^2y、x^2z、yz^2、y^2z、xyz、xyz^2、xy^2z、x^2yz、x^2y^2、x^2z^2、y^2z^2、x^2y^2z、x^2yz^2、xy^2z^2、$x^2y^2z^2$ 共 27 项积分值先计算出来，在形成单元矩阵的过程中直接调用所涉及的项并与相应的系数相乘得到结果。

3.3 单元刚度矩阵推导

根据应力应变本构关系，公式（3.10），参照文献（Shi，1996；石根华，1997）在势能最小原则下的刚度矩阵的表述形式为公式（3.11）和公式（3.12）。

$$\Pi_e = \iiint_v \frac{1}{2} \begin{pmatrix} \varepsilon_x & \varepsilon_y & \varepsilon_z & \varepsilon_{xy} & \varepsilon_{xz} & \varepsilon_{zy} \end{pmatrix} \begin{pmatrix} \sigma_x \\ \sigma_y \\ \sigma_z \\ \sigma_{xy} \\ \sigma_{xz} \\ \sigma_{yz} \end{pmatrix} \mathrm{d}x\mathrm{d}y\mathrm{d}z \tag{3.11}$$

$$\iiint_v [B_e]^{\mathrm{T}} [E] [B_e] \mathrm{d}x\mathrm{d}y\mathrm{d}z \rightarrow [K_e] \tag{3.12}$$

由于本研究涉及的 B_e 矩阵包含 x,y,z 等未知项，因此需要先求积分然后才能确定矩阵元素的表达式。设 $M = [B_e]^{\mathrm{T}} [E] [B_e]$，经过公式推导知只需给出 3×3 矩阵然后根据下标关系即可求得 M 矩阵。公式（3.13）~（3.21）给出了该 3×3 阶矩阵的元素表达式。其中 $0 \leqslant i \leqslant 23; 0 \leqslant j \leqslant 23$ 且 i,j 均可被 3 整除，同时 $m = i/3, n = j/3$，v 为泊松比。经过公式推导可以确定 M 矩阵，考虑到每个单元 27 项积分值已经计算好，据此可以确定每个单元刚度矩阵的元素表达式。

$$
M(i,j)=
\begin{aligned}
&\Big[\ \tfrac{1}{2}\times f_{m2}\times f_{n4}+\tfrac{1}{2}\times f_{m2}\times f_{n2}-f_{m2}\times f_{n2}\times v+\tfrac{1}{2}\times f_{m3}\times f_{n3}-f_{m3}\times f_{n3}\times v \\
&\quad -f_{m1}\times v\times f_{n4}+f_{m1}\times f_{n4}+\tfrac{1}{2}\times f_{m4}\times v\times f_{n1}-f_{m4}\times v\times f_{n6}-f_{m6}\times v\times f_{n3} \\
&\quad f_{m1}\times f_{n5}+f_{m5}\times f_{n1}+\tfrac{1}{2}\times f_{m6}\times v\times f_{n2}+\tfrac{1}{2}\times f_{m2}\times v\times f_{n5}-f_{m1}\times v\times f_{n5} \\
&\quad -f_{m3}\times v\times f_{n7}-f_{m5}\times v\times f_{n6}-f_{m6}\times v\times f_{n5}+\tfrac{1}{2}\times f_{m3}\times f_{n7}+\tfrac{1}{2}\times f_{m7}\times f_{n3} \\
&\quad \tfrac{1}{2}\times f_{m6}\times f_{n6}-f_{m4}\times v\times f_{r4}+f_{m4}\times f_{n4}-f_{m6}\times v\times f_{n6} \\[4pt]
&\ \tfrac{1}{2}\times f_{m4}\times f_{n6}+\tfrac{1}{2}\times f_{m6}\times f_{n4}-f_{m2}\times v\times f_{n4}-f_{m6}\times v\times f_{n1}+f_{m4}\times v\times f_{n5}-f_{m6}\times v\times f_{n6} \\
&\quad -f_{m1}\times v\times f_{n7}-f_{m4}\times v\times f_{n5}-f_{m5}\times v\times f_{n5}+f_{m5}\times v\times f_{n4}+f_{m1}\times f_{n7}+f_{m7}\times f_{n1} \\[4pt]
&\ -f_{m5}\times v\times f_{n5}+\tfrac{1}{2}\times f_{m5}\times f_{n7}-f_{m7}\times v\times f_{n5}+\tfrac{1}{2}\times f_{m7}\times f_{n5} \\
&\ -f_{m7}\times v\times f_{n6}-f_{m6}\times v\times f_{n7}+\tfrac{1}{2}\times f_{m7}\times f_{n6}+\tfrac{1}{2}\times f_{m6}\times f_{n7} \\
&\ -f_{m4}\times v\times f_{n7}+\tfrac{1}{2}\times f_{m7}\times f_{n4}+f_{m4}\times f_{n7}-f_{m7}\times v\times f_{n4} \\
&\ -f_{m4}\times v\times f_{n6}-f_{m6}\times v\times f_{n7}+\tfrac{1}{2}\times f_{m7}\times f_{n6}+\tfrac{1}{2}\times f_{m6}\times f_{n7} \\
&\ -f_{m5}\times v\times f_{n7}+f_{m5}\times f_{n7}-f_{m7}\times v\times f_{n5}+f_{m7}\times f_{n5} \\
&\ -f_{m7}\times v\times f_{n7}+\tfrac{1}{2}\times f_{m7}\times f_{n7} \\
&\ -f_{m7}\times v\times f_{n7}+\tfrac{1}{2}\times f_{m7}\times f_{n7} \\
&\ -f_{m7}\times v\times f_{n7}+f_{m7}\times f_{n7}
\end{aligned}
\Big]
\begin{bmatrix}
1\\ x\\ y\\ z\\ x^2\\ xy\\ y^2\\ xz\\ yz\\ z^2\\ x^2y\\ xy^2\\ x^2z\\ y^2z\\ xz^2\\ yz^2\\ x^2y^2\\ x^2z^2\\ y^2z^2
\end{bmatrix}^{\mathrm{T}}
$$

(3.13)

$$M(i,j+1)=\begin{bmatrix} v\times f_{m1}\times f_{n2}-f_{m2}\times v\times f_{n1}+1/2\times f_{m2}\times f_{n1} \\ v\times f_{m1}\times f_{n4}-f_{m4}\times v\times f_{n1}+1/2\times f_{m4}\times f_{n1} \\ 1/2\times f_{m2}\times f_{n4}+v\times f_{m4}\times f_{n2}-f_{m2}\times v\times f_{n1}+1/2\times f_{m6}\times v\times f_{n1}+1/2\times f_{m6}\times f_{n1} \\ 1/2\times f_{m4}\times f_{n4} \\ 1/2\times f_{m2}\times f_{n5}+v\times f_{m1}\times f_{n1}-f_{m7}\times v\times f_{n1}-1/2\times f_{m7}\times f_{n1} \\ 1/2\times f_{m2}\times f_{n7}+1/2\times f_{m6}\times f_{n4}+v\times f_{m6}\times f_{n2}-f_{m6}\times v\times f_{n5}+v\times f_{m5}\times f_{n5}+v\times f_{m1}\times f_{n7} \\ 1/2\times f_{m6}\times f_{n5}-f_{m6}\times v\times f_{n5}+v\times f_{m4}\times f_{n6}-f_{m2}\times v\times f_{n6} \\ 1/2\times f_{m4}\times f_{n4} \\ 1/2\times f_{m6}\times f_{n5}+v\times f_{m5}\times f_{n7}+1/2\times f_{m7}\times f_{n4} \\ -f_{m7}\times v\times f_{n5}+v\times f_{m5}\times f_{n7}+1/2\times f_{m7}\times f_{n5} \\ 1/2\times f_{m6}\times f_{n7}-f_{m6}\times v\times f_{n7}+v\times f_{m7}\times f_{n6} \\ 1/2\times f_{m7}\times f_{n7} \end{bmatrix}\begin{bmatrix} 1 \\ x \\ y \\ z \\ xy \\ xz \\ yz \\ z^2 \\ xyz \\ xz^2 \\ yz^2 \\ xyz^2 \end{bmatrix}^{\mathrm{T}} \tag{3.14}$$

$$M(i,j+2)=\begin{bmatrix} -f_{m3}\times v\times f_{n1}+1/2\times f_{m3}\times f_{n1} \\ 1/2\times f_{m5}\times f_{n3}+v\times f_{m1}\times f_{n1}+v\times f_{m1}\times f_{n3}+1/2\times f_{m3}\times f_{n5}-f_{m5}\times v\times f_{n5} \\ 1/2\times f_{m3}\times f_{n5}-f_{m5}\times v\times f_{n5}+v\times f_{m5}\times f_{n3} \\ -f_{m3}\times v\times f_{n4}+v\times f_{m4}\times f_{n3}+1/2\times f_{m3}\times f_{n4}-f_{m6}\times v\times f_{n1}+1/2\times f_{m6}\times f_{n1} \\ 1/2\times f_{m3}\times f_{n5}+v\times f_{m5}\times f_{n1}+1/2\times f_{m6}\times v\times f_{n1} \\ v\times f_{m1}\times f_{n7}+v\times f_{m4}\times f_{n5}-f_{m5}\times v\times f_{n4}-f_{m7}\times v\times f_{n1}+1/2\times f_{m5}\times f_{n4}+1/2\times f_{m7}\times f_{n1} \\ v\times f_{m4}\times f_{n6}-f_{m6}\times v\times f_{n4}+1/2\times f_{m3}\times v\times f_{n7}+1/2\times f_{m6}\times f_{n4}+v\times f_{m4}\times f_{n7}-f_{m6}\times v\times f_{n5} \\ 1/2\times f_{m5}\times f_{n5} \\ 1/2\times f_{m5}\times f_{n7}+v\times f_{m5}\times f_{n4}+1/2\times f_{m4}\times f_{n7} \\ 1/2\times f_{m5}\times f_{n7}+1/2\times f_{m7}\times f_{n5} \\ -f_{m6}\times v\times f_{n7}+1/2\times f_{m6}\times f_{n7}+v\times f_{m7}\times f_{n6} \\ 1/2\times f_{m7}\times f_{n7} \end{bmatrix}\begin{bmatrix} 1 \\ x \\ y \\ z \\ xy \\ y^2 \\ xz \\ yz \\ xy^2 \\ xyz \\ y^2z \\ xy^2z \end{bmatrix}^{\mathrm{T}} \tag{3.15}$$

$$M(i+1,j) = \begin{bmatrix} 1/2 \times f_{m1} \times f_{n2} + v \times f_{m2} \times f_{n1} - f_{m1} \times v \times f_{n2} \\ v \times f_{m4} \times f_{n1} - f_{m1} \times v \times f_{n4} + 1/2 \times f_{m1} \times f_{n4} \\ v \times f_{m2} \times f_{n4} - f_{m4} \times v \times f_{n2} + 1/2 \times f_{m4} \times f_{n2} \\ 1/2 \times f_{m4} \times f_{n4} \\ 1/2 \times f_{m1} \times f_{n6} + 1/2 \times f_{m5} \times f_{n2} + v \times f_{m6} \times f_{n1} - f_{m1} \times v \times f_{n6} - f_{m5} \times v \times f_{n2} \\ v \times f_{m4} \times f_{n5} + v \times f_{m7} \times f_{n1} - f_{m5} \times v \times f_{n4} - f_{m1} \times v \times f_{n7} + 1/2 \times f_{m5} \times f_{n4} + 1/2 \times f_{m1} \times f_{n7} \\ v \times f_{m6} \times f_{n4} + v \times f_{m2} \times f_{n7} - f_{m7} \times v \times f_{n2} - f_{m4} \times v \times f_{n6} + 1/2 \times f_{m4} \times f_{n6} + 1/2 \times f_{m7} \times f_{n2} \\ - f_{m5} \times v \times f_{n6} + v \times f_{m6} \times f_{n5} + 1/2 \times f_{m5} \times f_{n6} \\ 1/2 \times f_{m7} \times f_{n4} + 1/2 \times f_{m4} \times f_{n7} \\ 1/2 \times f_{m5} \times f_{n7} - f_{m5} \times v \times f_{n7} + v \times f_{m7} \times f_{n5} \\ 1/2 \times f_{m7} \times f_{n6} - f_{m7} \times v \times f_{n6} + v \times f_{m6} \times f_{n7} \\ 1/2 \times f_{m7} \times f_{n7} \end{bmatrix} \begin{bmatrix} 1 \\ x \\ y \\ z \\ xy \\ xz \\ yz \\ z^2 \\ xyz \\ xz^2 \\ yz^2 \\ xyz^2 \end{bmatrix}^{\mathrm{T}}$$

（3.16）

$$
M(i+1,j+1)=
\begin{bmatrix}
\begin{array}{l}
1/2\times f_{m3}\times f_{n5}-f_{m1}\times v\times f_{n1}-f_{m2}\times v\times f_{n2}-f_{m3}\times v\times f_{n3}+1/2\times f_{m3}\times f_{n3}+1/2\times f_{m1}\times f_{n1}+f_{m2}\times f_{n2}\\[2pt]
1/2\times f_{m4}\times f_{n1}+1/2\times f_{m1}\times f_{n4}+f_{m2}\times f_{n4}-f_{m5}\times v\times f_{n3}-f_{m2}\times v\times f_{n2}-f_{m3}\times v\times f_{n4}-f_{m3}\times v\times f_{n5}\\[2pt]
-f_{m6}\times v\times f_{n2}-f_{m5}\times v\times f_{n1}+1/2\times f_{m6}\times f_{n3}-f_{m1}\times v\times f_{n5}+1/2\times f_{m2}\times f_{n6}-f_{m1}\times v\times f_{n5}\\[2pt]
-f_{m5}\times v\times f_{n6}-f_{m6}\times v\times f_{n5}+1/2\times f_{m5}\times f_{n5}+f_{m4}\times v\times f_{n4}-f_{m4}\times v\times f_{n4}\\[2pt]
1/2\times f_{m6}\times f_{n6}+1/2\times f_{m6}\times f_{n7}-f_{m7}\times v\times f_{n3}-f_{m4}\times v\times f_{n4}-f_{m6}\times v\times f_{n6}\\[2pt]
f_{r2}\times f_{n7}+f_{m7}\times v\times f_{n2}-f_{m2}\times v\times f_{n2}+f_{m6}\times v\times f_{n7}-f_{m7}\times v\times f_{n7}+f_{m6}\times v\times f_{n6}\\[2pt]
1/2\times f_{m4}\times f_{n5}+1/2\times f_{m1}\times f_{n1}-f_{m7}\times v\times f_{n1}-f_{m1}\times v\times f_{n7}-f_{m4}\times v\times f_{n4}-f_{m7}\times v\times f_{n1}\\[2pt]
f_{m6}\times f_{n6}-f_{m5}\times v\times f_{n5}+1/2\times f_{m5}\times v\times f_{n7}+1/2\times f_{m5}\times f_{n5}-f_{m6}\times v\times f_{n6}\\[2pt]
-f_{m7}\times v\times f_{n5}+1/2\times f_{m5}\times f_{n7}+1/2\times f_{m7}\times f_{n5}-f_{m5}\times v\times f_{n7}\\[2pt]
-f_{m7}\times v\times f_{n6}-f_{m6}\times v\times f_{n7}+1/2\times f_{m7}\times f_{n6}+1/2\times f_{m6}\times f_{n7}\\[2pt]
-f_{m4}\times v\times f_{n7}+f_{m7}\times f_{n4}-f_{m7}\times v\times f_{n4}+f_{m4}\times f_{n7}\\[2pt]
-f_{m4}\times v\times f_{n7}+1/2\times f_{m7}\times f_{n4}-f_{m7}\times v\times f_{n4}+1/2\times f_{m4}\times f_{n7}\\[2pt]
-f_{m7}\times v\times f_{n6}+f_{m6}\times f_{n7}-f_{m6}\times v\times f_{n7}-f_{m6}\times f_{n7}\\[2pt]
-f_{m7}\times v\times f_{n5}+1/2\times f_{m5}\times f_{n7}-f_{m5}\times v\times f_{n7}-f_{m5}\times f_{n7}\\[2pt]
1/2\times f_{m7}\times f_{n7}-f_{m7}\times v\times f_{n7}\\[2pt]
1/2\times f_{m7}\times f_{n7}-f_{m7}\times v\times f_{n7}
\end{array}
\end{bmatrix}
\begin{bmatrix}
1\\x\\y\\z\\x^2\\xy\\y^2\\xz\\yz\\z^2\\x^2y\\xy^2\\x^2z\\y^2z\\xz^2\\yz^2\\x^2y^2\\x^2z^2\\y^2z^2
\end{bmatrix}^{\mathrm{T}}
\tag{3.17}
$$

$$M(i+1,j+2)=\begin{bmatrix} 1/2\times f_{m3}\times f_{n4}+1/2\times f_{m5}\times f_{n2}+v\times f_{m2}\times f_{n3}-f_{m3}\times v\times v\times f_{n2}+1/2\times f_{m3}\times f_{n2} \\ 1/2\times f_{m6}\times f_{n2}+v\times f_{m2}\times f_{n6}-f_{m6}\times v\times v\times f_{n2} \\ v\times f_{m6}\times f_{n3}-f_{m3}\times v\times v\times f_{n6}+1/2\times f_{m3}\times f_{n6} \\ v\times f_{m4}\times f_{n5}-f_{m5}\times v\times v\times f_{n4}+1/2\times f_{m5}\times f_{n4} \\ v\times f_{m2}\times f_{n7}+v\times f_{m4}\times f_{n6}+1/2\times f_{m6}\times v\times v\times f_{n4}-f_{m7}\times v\times v\times f_{n2}+1/2\times f_{m7}\times f_{n2} \\ v\times f_{m6}\times f_{n5}+v\times f_{m7}\times f_{n3}-f_{m3}\times v\times v\times f_{n7}-f_{m5}\times v\times v\times f_{n6}+1/2\times f_{m5}\times f_{n6}+1/2\times f_{m3}\times f_{n7} \\ 1/2\times f_{m6}\times f_{n6} \\ v\times f_{m4}\times f_{n7}-f_{m7}\times v\times v\times f_{n4}+1/2\times f_{m7}\times f_{n4} \\ v\times f_{m7}\times f_{n5}-f_{m5}\times v\times v\times f_{n7}+1/2\times f_{m5}\times f_{n7} \\ 1/2\times f_{m6}\times f_{n7}+1/2\times f_{m7}\times f_{n6} \\ 1/2\times f_{m7}\times f_{n7} \end{bmatrix}^{\mathrm{T}}\begin{bmatrix} 1 \\ x \\ y \\ z \\ x^2 \\ xy \\ xz \\ yz \\ x^2y \\ x^2z \\ xyz \\ x^2yz \end{bmatrix}$$

$$(3.18)$$

$$M(i+2,j)=\begin{bmatrix} 1/2\times f_{m1}\times f_{n3}+v\times f_{m3}\times f_{n1}-f_{m1}\times v\times v\times f_{n3} \\ v\times f_{m5}\times f_{n1}-f_{m1}\times v\times v\times f_{n5}+1/2\times f_{m1}\times f_{n5} \\ -f_{m1}\times v\times v\times f_{n6}-f_{m4}\times v\times v\times f_{n3}+1/2\times f_{m1}\times f_{n6}+1/2\times f_{m4}\times f_{n3}+v\times f_{m3}\times f_{n4}+v\times f_{m6}\times f_{n1} \\ v\times f_{m3}\times f_{n5}+1/2\times f_{m5}\times f_{n3}-f_{m5}\times v\times v\times f_{n3} \\ v\times f_{m5}\times f_{n4}+v\times f_{m4}\times f_{n5}-f_{m4}\times v\times v\times f_{n6}+1/2\times f_{m4}\times f_{n6}+v\times f_{m3}\times f_{n7}-f_{m1}\times v\times v\times f_{n7}+1/2\times f_{m1}\times f_{n7} \\ 1/2\times f_{m5}\times f_{n5} \\ -f_{m5}\times v\times v\times f_{n6}-f_{m7}\times v\times v\times f_{n3}+v\times f_{m6}\times f_{n5}+1/2\times f_{m5}\times f_{n6}+1/2\times f_{m7}\times f_{n3} \\ v\times f_{m7}\times f_{n4}-f_{m4}\times v\times v\times f_{a7}+1/2\times f_{m4}\times f_{n7} \\ 1/2\times f_{m5}\times f_{n7} \\ -f_{m5}\times v\times v\times f_{n6}-f_{m7}\times v\times v\times f_{n6}+1/2\times f_{m5}\times f_{n7}+1/2\times f_{m7}\times f_{n5} \\ 1/2\times f_{m7}\times f_{n6}+v\times f_{m6}\times f_{n7}-f_{m7}\times v\times v\times f_{n6} \\ 1/2\times f_{m7}\times f_{n7} \end{bmatrix}^{\mathrm{T}}\begin{bmatrix} 1 \\ x \\ y \\ z \\ xy \\ y^2 \\ xz \\ yz \\ xy^2 \\ xyz \\ y^2z \\ xy^2z \end{bmatrix}$$

$$(3.19)$$

$$M(i+2,j+1) = \begin{bmatrix} \nu \times f_{m3} \times f_{n2} - f_{m2} \times \nu \times f_{n3} + 1/2 \times f_{m2} \times f_{n3} \\ \nu \times f_{m3} \times f_{n4} + \nu \times f_{m5} \times f_{n2} - f_{m2} \times \nu \times f_{n5} - f_{m4} \times \nu \times f_{n3} + 1/2 \times f_{m2} \times f_{n5} + 1/2 \times f_{m4} \times f_{n3} \\ \nu \times f_{m6} \times f_{n2} - f_{m2} \times \nu \times f_{n6} + 1/2 \times f_{m2} \times f_{n6} \\ \nu \times f_{m3} \times f_{n6} - f_{m6} \times \nu \times f_{n3} + 1/2 \times f_{m6} \times f_{n3} \\ 1/2 \times f_{m4} \times f_{n5} - f_{m4} \times \nu \times f_{n5} + \nu \times f_{m5} \times f_{n4} \\ 1/2 \times f_{m4} \times f_{n6} + 1/2 \times f_{m2} \times f_{n7} - f_{m4} \times \nu \times f_{n6} + \nu \times f_{m6} \times f_{n4} + \nu \times f_{m7} \times f_{n2} - f_{m2} \times \nu \times f_{n7} + 1/2 \times f_{m6} \times f_{n5} \\ -f_{m7} \times \nu \times f_{n3} + f_{m5} \times \nu \times f_{n6} - \nu \times f_{m6} \times f_{n5} + \nu \times f_{m7} \times f_{n3} + 1/2 \times f_{m7} \times f_{n3} + 1/2 \times f_{m6} \times f_{n5} \\ 1/2 \times f_{m6} \times f_{n6} \\ -f_{m4} \times \nu \times f_{n7} + \nu \times f_{m7} \times f_{n4} + 1/2 \times f_{m4} \times f_{n7} \\ 1/2 \times f_{m7} \times f_{n5} + \nu \times f_{m5} \times f_{n7} - f_{m7} \times \nu \times f_{n5} \\ 1/2 \times f_{m7} \times f_{n6} + 1/2 \times f_{m6} \times f_{n7} \\ 1/2 \times f_{m7} \times f_{n7} \end{bmatrix} \begin{bmatrix} 1 \\ x \\ y \\ z \\ x^2 \\ xy \\ xz \\ yz \\ x^2y \\ x^2z \\ xyz \\ x^2yz \end{bmatrix}^{\mathrm{T}} \tag{3.20}$$

$$M(i+2,j+2)=$$

$$
\begin{bmatrix}
-f_{m3}\times v\times f_{n3}-f_{m1}\times v\times f_{n1}-f_{m2}\times v\times f_{n2}+f_{m3}\times f_{n3}+1/2\times f_{m2}\times f_{n2}+1/2\times f_{m1}\times f_{n1} \\[4pt]
f_{m3}\times f_{n5}+f_{m5}\times f_{n3}+1/2\times f_{m2}\times f_{n4}-f_{m2}\times v\times f_{n4}-f_{m3}\times v\times f_{n5}-f_{m5}\times v\times f_{n3}-f_{m4}\times v\times f_{n2} \\[4pt]
-f_{m3}\times v\times f_{n6}-f_{m6}\times v\times f_{n3}-f_{m1}\times v\times f_{n5}-f_{m5}\times v\times f_{n1}-f_{m2}\times v\times f_{n6}+1/2\times f_{m5}\times f_{n1}+1/2\times f_{m2}\times f_{n6}+1/2\times f_{m6}\times f_{n2} \\[4pt]
f_{m5}\times f_{n5}-f_{m4}\times v\times f_{n4}-f_{m5}\times v\times f_{n5}+1/2\times f_{m4}\times f_{n4} \\[4pt]
f_{m7}\times f_{n3}+f_{m3}\times f_{n7}+f_{m5}\times v\times f_{n7}-f_{m7}\times v\times f_{n3}+f_{m6}\times v\times f_{n5}-f_{m5}\times v\times f_{n5}+1/2\times f_{m4}\times f_{n4} \\[4pt]
-f_{m4}\times v\times f_{n4}-f_{m4}\times v\times f_{n6}-f_{m2}\times v\times f_{n7}+1/2\times f_{m7}\times f_{n2}+1/2\times f_{m2}\times f_{n7}+1/2\times f_{m6}\times f_{n4}-f_{m7}\times v\times f_{n2} \\[4pt]
-f_{m7}\times v\times f_{n1}+1/2\times f_{m7}\times f_{n1}+1/2\times f_{m5}\times v\times f_{n4}-f_{m4}\times v\times f_{n5}-f_{m1}\times v\times f_{n7} \\[4pt]
1/2\times f_{m5}\times f_{n5}-f_{m5}\times v\times f_{n5}-f_{m7}\times v\times f_{n5}-f_{m6}\times v\times f_{n6} \\[4pt]
f_{m5}\times f_{n7}+f_{m7}\times f_{n5}-f_{m7}\times v\times f_{n6}-f_{m6}\times v\times f_{n7} \\[4pt]
f_{m7}\times f_{n6}+f_{m6}\times f_{n7}-f_{m7}\times v\times f_{n7} \\[4pt]
1/2\times f_{m7}\times f_{n4}+1/2\times f_{m4}\times f_{n7}-f_{m7}\times v\times f_{n4}-f_{m4}\times v\times f_{n7} \\[4pt]
1/2\times f_{m7}\times f_{n4}+1/2\times f_{m4}\times f_{n7}-f_{m7}\times v\times f_{n4}-f_{m4}\times v\times f_{n7} \\[4pt]
-f_{m7}\times v\times f_{n6}+1/2\times f_{m7}\times f_{n6}-f_{m6}\times v\times f_{n7} \\[4pt]
1/2\times f_{m7}\times f_{n5}+1/2\times f_{m5}\times f_{n7}-f_{m7}\times v\times f_{n5}-f_{m5}\times v\times f_{n7} \\[4pt]
-f_{m7}\times v\times f_{n7}+f_{m7}\times f_{n7} \\[4pt]
-f_{m7}\times v\times f_{n7}+1/2\times f_{m7}\times f_{n7} \\[4pt]
1/2\times f_{m7}\times f_{n7}-f_{m7}\times v\times f_{n7}
\end{bmatrix}
\begin{bmatrix}
1 \\ x \\ y \\ z \\ x^2 \\ xy \\ y^2 \\ xz \\ yz \\ z^2 \\ x^2y \\ xy^2 \\ x^2z \\ y^2z \\ xz^2 \\ yz^2 \\ x^2y^2 \\ x^2z^2 \\ y^2z^2
\end{bmatrix}^{\mathrm{T}}
\tag{3.21}
$$

3.4　应力及荷载矩阵元素表达式推导

3.4.1　初应力矩阵表达式推导

根据文献（Shi，1996；石根华，1997），公式（3.22）直接给出了初应力矩阵的积分表达式。由于公式（3.9）给出了矩阵 $[B_e]$ 的每个元素的表达式，因此直接对公式（3.9）中各项求积分后再与初应力进行一次矩阵乘法即可得到该矩阵，将该矩阵加入方程右边常数项。

$$-\iiint_v [\boldsymbol{B}_e]^{\mathrm{T}} \mathrm{d}x\mathrm{d}y\mathrm{d}z \begin{bmatrix} \sigma_x^0 \\ \sigma_y^0 \\ \sigma_z^0 \\ \sigma_{xy}^0 \\ \sigma_{xz}^0 \\ \sigma_{yz}^0 \end{bmatrix} \rightarrow [\boldsymbol{F}_e] \tag{3.22}$$

3.4.2　点荷载矩阵表达式推导

根据文献（Shi，1996；石根华，1997），公式（3.23）直接给出了点荷载矩阵的矩阵表达式。根据公式（3.3）和公式（3.7）给出的矩阵 $\boldsymbol{T}_e$ 的表达式，将 x_0、y_0、z_0 所形成的 1、x_0、y_0、z_0、x_0y_0、x_0z_0、y_0z_0、$x_0y_0z_0$ 共 8 项代入公式（3.7）中，再与点荷载 $\begin{bmatrix} F_x \\ F_y \\ F_z \end{bmatrix}$ 进行一次矩阵乘法加入到方程右边常数项。

$$[\boldsymbol{T}_e(x_0,y_0,z_0)]^{\mathrm{T}} \begin{bmatrix} F_x \\ F_y \\ F_z \end{bmatrix} \rightarrow [\boldsymbol{F}_e] \tag{3.23}$$

3.4.3　体荷载矩阵表达式推导

此矩阵为不变的体积力引起的荷载，需先在物理单元内积分后再加载。本研究中假定体积力为常量（与 x、y、z 不存在函数关系），根据文献（Shi，1996；石根华，1997），公式（3.24）直接给出了体荷载矩阵的表达式。根据公式（3.3）和公式（3.7）给出的矩阵 T_e 的表达式，对所涉及变量进行积分并与常数项相乘得到积分结果，最后与矩阵 $\begin{bmatrix} f_x \\ f_y \\ f_z \end{bmatrix}$ 相乘加到方程右边即可。

$$\iiint_{V}\left[T_{e}\left(x,y,z\right)\right]^{\mathrm{T}}\mathrm{dxdydz}\begin{bmatrix}f_{x}\\f_{y}\\f_{z}\end{bmatrix}\rightarrow\left[F_{e}\right] \qquad (3.24)$$

3.4.4 惯性矩阵和速度矩阵表达式推导

根据文献（Shi，1996；石根华，1997），公式（3.25）直接给出了惯性矩阵和速度矩阵的表达式，式中ρ为密度，Δ为时间步长。

$$\frac{2\rho}{\Delta^{2}}\iiint_{V}\left[T_{e}\left(x,y,z\right)\right]^{\mathrm{T}}\left[T_{e}\left(x,y,z\right)\right]\mathrm{dxdydz}\rightarrow\left[K_{e}\right]$$

$$\frac{2\rho}{\Delta}\iiint_{V}\left[T_{e}\left(x,y,z\right)\right]^{\mathrm{T}}\left[T_{e}\left(x,y,z\right)\right]\mathrm{dxdydz}\left[V_{e}\left(0\right)\right]\rightarrow\left[F_{e}\right] \qquad (3.25)$$

$$S(i,j)=$$

$$\begin{bmatrix}f_{m0}\times f_{n0}\\f_{m1}\times f_{n0}+f_{m0}\times f_{n1}\\f_{m2}\times f_{n0}+f_{m0}\times f_{n2}\\f_{m0}\times f_{n3}+f_{m3}\times f_{n0}\\f_{m1}\times f_{n1}\\f_{m1}\times f_{n2}+f_{m2}\times f_{n1}+f_{m4}\times f_{n0}+f_{m0}\times f_{n4}\\f_{m2}\times f_{n2}\\f_{m5}\times f_{n0}+f_{m1}\times f_{n3}+f_{m3}\times f_{n1}+f_{m0}\times f_{n5}\\f_{m3}\times f_{n2}+f_{m6}\times f_{n0}+f_{m0}\times f_{n6}+f_{m2}\times f_{n3}\\f_{m3}\times f_{n3}\\f_{m1}\times f_{n4}+f_{m4}\times f_{n1}\\f_{m2}\times f_{n4}+f_{m4}\times f_{n2}\\f_{m5}\times f_{n1}+f_{m1}\times f_{n5}\\f_{m6}\times f_{n1}+f_{m7}\times f_{n0}+f_{m0}\times f_{n7}+f_{m2}\times f_{n5}+f_{m1}\times f_{n6}+f_{m4}\times f_{n3}+f_{m3}\times f_{n4}+f_{m5}\times f_{n2}\\f_{m6}\times f_{n2}+f_{m2}\times f_{n6}\\f_{m3}\times f_{n5}+f_{m5}\times f_{n3}\\f_{m3}\times f_{n6}+f_{m6}\times f_{n3}\\f_{m4}\times f_{n4}\\f_{m1}\times f_{n7}+f_{m4}\times f_{n5}+f_{m5}\times f_{n4}+f_{m7}\times f_{n1}\\f_{m2}\times f_{n7}+f_{m4}\times f_{n6}+f_{m6}\times f_{n4}+f_{m7}\times f_{n2}\\f_{m5}\times f_{n5}\\f_{m3}\times f_{n7}+f_{m7}\times f_{n3}+f_{m6}\times f_{n5}+f_{m5}\times f_{n6}\\f_{m6}\times f_{n6}\\f_{m4}\times f_{n7}+f_{m7}\times f_{n4}\\f_{m5}\times f_{n7}+f_{m7}\times f_{n5}\\f_{m6}\times f_{n7}+f_{m7}\times f_{n6}\\f_{m7}\times f_{n7}\end{bmatrix}^{\mathrm{T}}\begin{bmatrix}1\\x\\y\\z\\x^{2}\\xy\\y^{2}\\xz\\yz\\z^{2}\\x^{2}y\\xy^{2}\\x^{2}z\\xyz\\y^{2}z\\xz^{2}\\yz^{2}\\x^{2}y^{2}\\x^{2}yz\\xy^{2}z\\x^{2}z^{2}\\xyz^{2}\\y^{2}z^{2}\\x^{2}y^{2}z\\x^{2}yz^{2}\\xy^{2}z^{2}\\x^{2}y^{2}z^{2}\end{bmatrix}$$

$$(3.26)$$

公式（3.25）涉及 $\iiint_V [T_e(x,y,z)]^{\mathrm{T}}[T_e(x,y,z)]\mathrm{d}x\mathrm{d}y\mathrm{d}z$ 项，该项包括多项式积分计算。设 $S = [T_e]^{\mathrm{T}}[T_e]$，经过公式推导分析知只需给出 1 项矩阵内容，然后根据下标关系即可求得该矩阵全部元素。公式（3.26）给出了该矩阵元素的具体表现形式。其中 $0 \leq i \leq 23; 0 \leq j \leq 23$ 且 i, j 均可被 3 整除；$m = i/3, n = j/3$。当 i, j 均可被 3 整除时，$S(i+2, j+2) = N(i+1, j+1) = S(i,j)$，其他下标没有涉及的项为 0。

3.4.5　点位移矩阵表达式推导

根据文献（Shi，1996；石根华，1997），公式（3.27）给出了点位移矩阵的表达式。

$$p[T_e(x_0,y_0,z_0)]^{\mathrm{T}}[T_e(x_0,y_0,z_0)] \to [K_e]$$

$$p[T_e(x_0,y_0,z_0)]^{\mathrm{T}}\begin{bmatrix}u_0\\v_0\\w_0\end{bmatrix} \to [F_e] \tag{3.27}$$

根据公式（3.3）和公式（3.7）给出的矩阵 T_e 的表达式，将位移施加点 x_0、y_0、z_0，所形成的 1、x_0、y_0、z_0、x_0y_0、x_0z_0、y_0z_0、$x_0y_0z_0$ 共 8 项代入公式（3.7）中得到 $T_e(x_0,y_0,z_0)$，然后根据公式（3.27）进行两次矩阵乘法分别加入方程中即可。

3.5　接触、摩擦矩阵表达式推导

接触和摩擦处理是 DDA 和 NMM 方法的特色，决定了数值模拟方法能否实现精确的动—静—动状态转换的模拟。NMM 方法的接触和摩擦与 DDA 方法一致，二维情况下的算法在文献（Shi，1996；石根华，1997）中有详细的论述。三维情况下的接触较为复杂，但基本算法为点对面、棱对棱的接触（角对面、角对角、角对棱和棱对棱等接触均可由点对面、棱对棱接触的组合实现）。

3.5.1　切向接触矩阵

根据文献[1]，设 P 为 P_0 与 P_1 的矢量（其中 $P_1(x_1,y_1,z_1)$ 为发生位移前的待接触点、$P_0(x_0,y_0,z_0)$ 为位于接触面上的进入点），s 为剪切向量，n 为接触面的外法向量，因此有公式（3.28）的向量表达式，式中 (n_x,n_y,n_z) 为接触面的单位外法向量：

[1]　Shi, G. H. Report to WES Geotechnical Lab on Project Three Dimensional Discontinuous Deformation Analyses. 2000

$$\boldsymbol{n} = \left(\begin{bmatrix} x_1 - x_0 \\ y_1 - y_0 \\ z_1 - z_0 \end{bmatrix}^T \begin{bmatrix} n_x \\ n_y \\ n_z \end{bmatrix} \right) \begin{bmatrix} n_x \\ n_y \\ n_z \end{bmatrix} \tag{3.28}$$

$$\text{设}\quad \boldsymbol{N} = \begin{bmatrix} 1 & 0 & 0 \\ 0 & 1 & 0 \\ 0 & 0 & 1 \end{bmatrix} - \begin{bmatrix} n_x \\ n_y \\ n_z \end{bmatrix} \begin{bmatrix} n_x & n_y & n_z \end{bmatrix} \tag{3.29}$$

切向弹簧的势能 Π_s 表达式见公式（3.30），式中 p 为弹簧刚度，u_1、v_1、w_1 为 $P_1(x_1,y_1,z_1)$ 的位移，u_0、v_0、w_0 为 $P_0(x_0,y_0,z_0)$ 的位移。

$$
\begin{aligned}
\Pi_s &= \frac{p}{2}(s + \mathrm{d}s)(s + \mathrm{d}s) \\
&= \frac{p}{2}(p + \mathrm{d}p)(p + \mathrm{d}p) - \frac{p}{2}(n + \mathrm{d}n)(n + \mathrm{d}n) \\
&= \frac{p}{2} \begin{pmatrix} x_1 - x_0 + u_1 - u_0 \\ y_1 - y_0 + v_1 - v_0 \\ z_1 - z_0 + w_1 - w_0 \end{pmatrix}^T \begin{pmatrix} x_1 - x_0 + u_1 - u_0 \\ y_1 - y_0 + v_1 - v_0 \\ z_1 - z_0 + w_1 - w_0 \end{pmatrix} - \frac{p}{2} \begin{pmatrix} x_1 - x_0 + u_1 - u_0 \\ y_1 - y_0 + v_1 - v_0 \\ z_1 - z_0 + w_1 - w_0 \end{pmatrix}^T \begin{bmatrix} n_x \\ n_y \\ n_z \end{bmatrix} \begin{bmatrix} n_x \\ n_y \\ n_z \end{bmatrix}^T \begin{pmatrix} x_1 - x_0 + u_1 - u_0 \\ y_1 - y_0 + v_1 - v_0 \\ z_1 - z_0 + w_1 - w_0 \end{pmatrix} \\
&= \frac{p}{2} \begin{pmatrix} x_1 - x_0 + u_1 - u_0 \\ y_1 - y_0 + v_1 - v_0 \\ z_1 - z_0 + w_1 - w_0 \end{pmatrix}^T [\boldsymbol{N}] \begin{pmatrix} x_1 - x_0 + u_1 - u_0 \\ y_1 - y_0 + v_1 - v_0 \\ z_1 - z_0 + w_1 - w_0 \end{pmatrix} \\
&= \frac{p}{2} \begin{pmatrix} x_1 - x_0 \\ y_1 - y_0 \\ z_1 - z_0 \end{pmatrix}^T [\boldsymbol{N}] \begin{pmatrix} x_1 - x_0 \\ y_1 - y_0 \\ z_1 - z_0 \end{pmatrix} + p \begin{pmatrix} u_1 - u_0 \\ v_1 - v_0 \\ w_1 - w_0 \end{pmatrix}^T [\boldsymbol{N}] \begin{pmatrix} x_1 - x_0 \\ y_1 - y_0 \\ z_1 - z_0 \end{pmatrix} + \frac{p}{2} \begin{pmatrix} u_1 - u_0 \\ v_1 - v_0 \\ w_1 - w_0 \end{pmatrix}^T [\boldsymbol{N}] \begin{pmatrix} u_1 - u_0 \\ v_1 - v_0 \\ w_1 - w_0 \end{pmatrix}
\end{aligned}
\tag{3.30}
$$

在最小势能条件下，对公式（3.30）的位移求偏导得公式（3.31）。

$$
\begin{aligned}
&p\big[\boldsymbol{T}_i(x_1,y_1,z_1)\big]^T [\boldsymbol{N}]\big[\boldsymbol{T}_i(x_1,y_1,z_1)\big] \rightarrow \big[\boldsymbol{K}_{e(i)}\big] \\
&-p\big[\boldsymbol{T}_i(x_1,y_1,z_1)\big]^T [\boldsymbol{N}]\big[\boldsymbol{T}_j(x_0,y_0,z_0)\big] \rightarrow \big[\boldsymbol{K}_{e(i,j)}\big] \\
&-p\big[\boldsymbol{T}_j(x_0,y_0,z_0)\big]^T [\boldsymbol{N}]\big[\boldsymbol{T}_i(x_1,y_1,z_1)\big] \rightarrow \big[\boldsymbol{K}_{e(j,i)}\big] \\
&p\big[\boldsymbol{T}_j(x_0,y_0,z_0)\big]^T [\boldsymbol{N}]\big[\boldsymbol{T}_j(x_0,y_0,z_0)\big] \rightarrow \big[K_{e(i)}\big] \\
&-p\big[\boldsymbol{T}_i(x_1,y_1,z_1)\big]^T [\boldsymbol{N}] \begin{bmatrix} x_1 - x_0 \\ y_1 - y_0 \\ z_1 - z_0 \end{bmatrix} \rightarrow \big[\boldsymbol{F}_{e(i)}\big] \\
&p\big[\boldsymbol{T}_j(x_0,y_0,z_0)\big]^T [\boldsymbol{N}] \begin{bmatrix} x_1 - x_0 \\ y_1 - y_0 \\ z_1 - z_0 \end{bmatrix} \rightarrow \big[\boldsymbol{F}_{e(j)}\big]
\end{aligned}
\tag{3.31}
$$

3.5.2　法向接触矩阵

仿照切向接触矩阵的推导，下面进行法向接触矩阵的推导。同样设 n 为接触面的外法线向量，$P_1(x_1,y_1,z_1)$ 为发生位移前的待接触点、$P_0(x_0,y_0,z_0)$ 为位于接触面上进入点，式中 (n_x,n_y,n_z) 为接触面的单位外法向量。n 的表达式与公式（3.28）相同，设

$$K = \begin{bmatrix} n_x \\ n_y \\ n_z \end{bmatrix} \begin{bmatrix} n_x & n_y & n_z \end{bmatrix}$$

法向弹簧的势能 $\prod_n$ 表达式见公式（3.32），式中 P 为弹簧刚度，u_1、v_1、w_1 为 $P_1(x_1,y_1,z_1)$ 的位移，u_0、v_0、w_0 为 $P_0(x_0,y_0,z_0)$ 的位移。

$$
\begin{aligned}
\prod_n &= \frac{p}{2}(n+\mathrm{d}n)(n+\mathrm{d}n) \\
&= \frac{p}{2}\begin{pmatrix} x_1-x_0+u_1-u_0 \\ y_1-y_0+v_1-v_0 \\ z_1-z_0+w_1-w_0 \end{pmatrix}^{\mathrm{T}} \begin{bmatrix} n_x \\ n_y \\ n_z \end{bmatrix}\begin{bmatrix} n_x \\ n_y \\ n_z \end{bmatrix}^{\mathrm{T}} \begin{pmatrix} x_1-x_0+u_1-u_0 \\ y_1-y_0+v_1-v_0 \\ z_1-z_0+w_1-w_0 \end{pmatrix} \\
&= \frac{p}{2}\begin{pmatrix} x_1-x_0+u_1-u_0 \\ y_1-y_0+v_1-v_0 \\ z_1-z_0+w_1-w_0 \end{pmatrix}^{\mathrm{T}} [\boldsymbol{K}] \begin{pmatrix} x_1-x_0+u_1-u_0 \\ y_1-y_0+v_1-v_0 \\ z_1-z_0+w_1-w_0 \end{pmatrix} \\
&= \frac{p}{2}\begin{pmatrix} x_1-x_0 \\ y_1-y_0 \\ z_1-z_0 \end{pmatrix}^{\mathrm{T}} [\boldsymbol{K}] \begin{pmatrix} x_1-x_0 \\ y_1-y_0 \\ z_1-z_0 \end{pmatrix} + p\begin{pmatrix} u_1-u_0 \\ v_1-v_0 \\ w_1-w_0 \end{pmatrix}^{\mathrm{T}} [\boldsymbol{K}] \begin{pmatrix} x_1-x_0 \\ y_1-y_0 \\ z_1-z_0 \end{pmatrix} + \frac{p}{2}\begin{pmatrix} u_1-u_0 \\ v_1-v_0 \\ w_1-w_0 \end{pmatrix}^{\mathrm{T}} [\boldsymbol{K}] \begin{pmatrix} u_1-u_0 \\ v_1-v_0 \\ w_1-w_0 \end{pmatrix}
\end{aligned}
\tag{3.32}
$$

在最小势能条件下，对公式（3.32）的位移求偏导得公式（3.33）。

$$
\begin{aligned}
&p\left[\boldsymbol{T}_i(x_1,y_1,z_1)\right]^{\mathrm{T}}[\boldsymbol{K}]\left[\boldsymbol{T}_i(x_1,y_1,z_1)\right] \rightarrow \left[\boldsymbol{K}_{e(i)}\right] \\
&-p\left[\boldsymbol{T}_i(x_1,y_1,z_1)\right]^{\mathrm{T}}[\boldsymbol{K}]\left[\boldsymbol{T}_j(x_0,y_0,z_0)\right] \rightarrow \left[\boldsymbol{K}_{e(i,j)}\right] \\
&-p\left[\boldsymbol{T}_j(x_0,y_0,z_0)\right]^{\mathrm{T}}[\boldsymbol{K}]\left[\boldsymbol{T}_i(x_1,y_1,z_1)\right] \rightarrow \left[\boldsymbol{K}_{e(j,i)}\right] \\
&p\left[\boldsymbol{T}_j(x_0,y_0,z_0)\right]^{\mathrm{T}}[\boldsymbol{K}]\left[\boldsymbol{T}_j(x_0,y_0,z_0)\right] \rightarrow \left[\boldsymbol{K}_{e(j)}\right] \\
&-p\left[\boldsymbol{T}_i(x_1,y_1,z_1)\right]^{\mathrm{T}}[\boldsymbol{K}]\begin{bmatrix} x_1-x_0 \\ y_1-y_0 \\ z_1-z_0 \end{bmatrix} \rightarrow \left[\boldsymbol{F}_{e(i)}\right] \\
&p\left[\boldsymbol{T}_j(x_0,y_0,z_0)\right]^{\mathrm{T}}[\boldsymbol{K}]\begin{bmatrix} x_1-x_0 \\ y_1-y_0 \\ z_1-z_0 \end{bmatrix} \rightarrow \left[\boldsymbol{F}_{e(j)}\right]
\end{aligned}
\tag{3.33}
$$

3.5.3　摩擦力矩阵

首先计算出接触面的法向单位向量 $\boldsymbol{n}$，计算出接触点的位移矢量 (u_1, v_1, w_1)，根据公式（3.34）计算出位移和摩擦力的方向，公式中 x_0 为发生位移后在接触面上的投影点，此处的法向量 $\boldsymbol{n}$ 为接触面的法方向。

$$disp = \overrightarrow{p_1 p_1'} - \left(\overrightarrow{p_1 p_1'} \bullet \boldsymbol{n} \right) \boldsymbol{n} = d_x i + d_y j + d_z k$$

$$F_{\text{dirction}} = \frac{1}{\sqrt{d_x^2 + d_y^2 + d_z^2}} \left(d_x i + d_y j + d_z k \right) \tag{3.34}$$

参考文献（Shi, 1996；石根华，1997），按最小势能原则，得公式 (3.35)，式中 F 为摩擦力。

$$-F[\boldsymbol{H}] \rightarrow \left[\boldsymbol{F}_{e(i)} \right]$$
$$F[\boldsymbol{G}] \rightarrow \left[\boldsymbol{F}_{e(j)} \right] \tag{3.35}$$

式中 $[\boldsymbol{H}], [\boldsymbol{G}]$ 的表达式见公式（3.36）。

$$[\boldsymbol{H}] = \frac{1}{\sqrt{d_x^2 + d_y^2 + d_z^2}} \left[\boldsymbol{T}_{e(i)} (x_1, y_1, z_1) \right]^{\text{T}} \begin{bmatrix} d_x \\ d_y \\ d_z \end{bmatrix}^{\text{T}}$$

$$[\boldsymbol{G}] = \frac{1}{\sqrt{d_x^2 + d_y^2 + d_z^2}} \left[\boldsymbol{T}_{e(j)} (x_0, y_0, z_0) \right]^{\text{T}} \begin{bmatrix} d_x \\ d_y \\ d_z \end{bmatrix}^{\text{T}} \tag{3.36}$$

第四章　三维数值流形方法黏弹性本构关系公式推导

构造板块、地壳介质、地震断层、岩体和采矿开挖等地质演化和大型工程设施，大多与黏弹性过程、连续变形和不连续变形相关联。由于 Maxwell 体本构关系能有效描述长期黏性变形和短期弹性变形的耦合问题（Maxwell，1867；Turcotte and Schubert，2014），因此被地球科学研究广泛使用（Liu and Yang，2003；Wang，2007；Luo and Liu，2010）。具体而言，Maxwell 模型被广泛应用于冰川后的回弹（Lambeck et al.，1998），地壳流动（Li et al.，2019），地质演化（Liu and Yang，2003）以及强震后的应力 / 应变调整（Freed and Lin，2001；Wang et al.，2006）等研究中。为了解决多时空领域的黏弹性、连续、非连续耦合问题，本章针对 Maxwell 模型的三维黏弹性数值流形方法（3D–VisNMM）开展了研究，系统给出了公式推导过程以及矩阵元素表达式（Wu et al.，2020）。

4.1　Maxwell 体黏弹性模型

Maxwell 体模型由弹簧和牛顿黏壶串联组成（图 4-1），在力 F 作用下介质的总变形量为弹性变形与黏性变形之和（即：$\varepsilon = \varepsilon_1 + \varepsilon_2$），介质的应力与弹性应力和黏性应力相同（即：$\sigma = \sigma_1 = \sigma_2$），在一维情况下其本构关系如公式（4.1）所示 (Maxwell, 1867；Turcotte and Schubert 2014)。

$$\dot{\varepsilon} = \dot{\varepsilon}_1 + \dot{\varepsilon}_2 = \frac{\dot{\sigma}}{E} + \frac{\sigma}{\eta} \tag{4.1}$$

式中，$\dot{\varepsilon}$ 应变率张量；$\dot{\sigma}$ 为应力率张量；σ 为应力张量；E 为弹簧刚度；η 为黏滞系数。

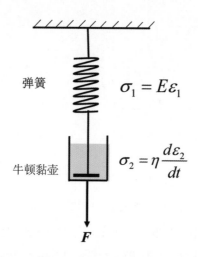

$$\sigma_1 = E\varepsilon_1$$

弹簧

牛顿黏壶

$$\sigma_2 = \eta \frac{d\varepsilon_2}{dt}$$

F

图 4-1 Maxwell 体黏弹性模型示意图

σ_1和ε_1为弹簧上积累的应力和应变，σ_2和ε_2为牛顿黏壶上积累的应力和应变

根据一维 Maxwell 本构关系公式（4.1），参考文献（殷有泉，1987；Turcotte and Schubert，2014），公式（4.2）直接给出三维 Maxwell 体本构关系。

$$
\begin{bmatrix} \dot{\varepsilon}_x \\ \dot{\varepsilon}_y \\ \dot{\varepsilon}_z \\ \dot{\varepsilon}_{xy} \\ \dot{\varepsilon}_{xz} \\ \dot{\varepsilon}_{yz} \end{bmatrix} =
\begin{bmatrix}
\frac{1}{E} & -\frac{v}{E} & -\frac{v}{E} & 0 & 0 & 0 \\
-\frac{v}{E} & \frac{1}{E} & -\frac{v}{E} & 0 & 0 & 0 \\
-\frac{v}{E} & -\frac{v}{E} & \frac{1}{E} & 0 & 0 & 0 \\
0 & 0 & 0 & \frac{2(1+v)}{E} & 0 & 0 \\
0 & 0 & 0 & 0 & \frac{2(1+v)}{E} & 0 \\
0 & 0 & 0 & 0 & 0 & \frac{2(1+v)}{E}
\end{bmatrix}
\begin{bmatrix} \dot{\sigma}_x \\ \dot{\sigma}_y \\ \dot{\sigma}_z \\ \dot{\sigma}_{xy} \\ \dot{\sigma}_{xz} \\ \dot{\sigma}_{yz} \end{bmatrix}
+ \frac{1}{\eta}
\begin{pmatrix}
\frac{1}{3} & -\frac{1}{6} & -\frac{1}{6} & 0 & 0 & 0 \\
-\frac{1}{6} & \frac{1}{3} & -\frac{1}{6} & 0 & 0 & 0 \\
-\frac{1}{6} & -\frac{1}{6} & \frac{1}{3} & 0 & 0 & 0 \\
0 & 0 & 0 & 1 & 0 & 0 \\
0 & 0 & 0 & 0 & 1 & 0 \\
0 & 0 & 0 & 0 & 0 & 1
\end{pmatrix}
\begin{bmatrix} \sigma_x \\ \sigma_y \\ \sigma_z \\ \sigma_{xy} \\ \sigma_{xz} \\ \sigma_{yz} \end{bmatrix}
$$

$$(4.2)$$

式中，$\dot{\varepsilon}_{ij}$为三维应变率张量；σ_{ij}为三维应力张量；$\dot{\sigma}_{ij}$为三维应力率张量；E，v和η为杨氏模量、泊松比、黏滞系数。

公式（4.2）写为矩阵形式，如公式（4.3）所示。

$$\dot{\varepsilon} = \boldsymbol{D}^{-1}\dot{\boldsymbol{\sigma}} + S\boldsymbol{\sigma} \tag{4.3}$$

式中，$\boldsymbol{D}$ 为刚度矩阵，用来联系弹性应力张量和应变张量；$\boldsymbol{S}$ 为联系应变率张量与应力张量的矩阵。

在实际程序实现时，需要对公式（4.3）中的时间微分项进行处理。本章采用向前差分代替微分公式，得第 t 时间步 $\dot{\sigma}^t$ 和 $\dot{\varepsilon}^t$ 表达式（4.4）。

$$\dot{\sigma}^t = \frac{\sigma^t - \sigma^{t-\Delta t}}{\Delta t} \qquad \dot{\varepsilon}^t = \frac{\varepsilon^t - \varepsilon^{t-\Delta t}}{\Delta t} \tag{4.4}$$

将上式带入公式（4.3）的本构方程，得公式（4.5）。

$$\varepsilon^t = (\boldsymbol{D}^{-1} + \boldsymbol{S}\Delta t)\sigma^t + \varepsilon^{t-\Delta t} - \boldsymbol{D}^{-1}\sigma^{t-\Delta t} \tag{4.5}$$

进而得到应力应变本构关系，见公式（4.6）。

$$\sigma^t = (\boldsymbol{D}^{-1} + \boldsymbol{S}\Delta t)^{-1}\varepsilon^t - (\boldsymbol{D}^{-1} + \boldsymbol{S}\Delta t)^{-1}\varepsilon^{t-\Delta t} + (\boldsymbol{D}^{-1} + \boldsymbol{S}\Delta t)^{-1}\boldsymbol{D}^{-1}\sigma^{t-\Delta t} \tag{4.6}$$

由于此时 $\varepsilon^{t-\Delta t}$ 和 $\sigma^{t-\Delta t}$ 为前一步的应变和应力张量，因此公式（4.6）可简写为公式（4.7）形式。

$$\sigma^t = \tilde{\boldsymbol{D}}\varepsilon^t + \tilde{\sigma} \tag{4.7}$$

其中

$$\tilde{\boldsymbol{D}} = (\boldsymbol{D}^{-1} + \boldsymbol{S}\Delta t)^{-1}$$

$$\tilde{\sigma} = (\boldsymbol{D}^{-1} + \boldsymbol{S}\Delta t)^{-1}\boldsymbol{D}^{-1}\sigma^{t-\Delta t} - (\boldsymbol{D}^{-1} + \boldsymbol{S}\Delta t)^{-1}\varepsilon^{t-\Delta t}$$

4.2　3D–VisNMM 矩阵元素表达式推导

3D–VisNMM 中的点荷载矩阵、体荷载矩阵、惯性矩阵、速度矩阵、点位移矩阵、接触矩阵、摩擦矩阵等与第三章的弹性本构关系具有一致性。因此，本节重点对 3D–VisNMM 的刚度矩阵和应力累积矩阵表达式进行分析。

根据应力应变本构关系公式（4.7），在最小势能条件下参照 Shi(1996) 的公式推导过程可直接给出 3D–VisNMM 本构关系的矩阵表达式，见公式（4.8）。

$$\iiint_v [\boldsymbol{B}_e]^{\mathrm{T}}\left[\tilde{\boldsymbol{D}}\right][\boldsymbol{B}_e]\,\mathrm{d}x\mathrm{d}y\mathrm{d}z \rightarrow [\boldsymbol{K}_e]$$
$$-\iiint_v [\boldsymbol{B}_e]^{\mathrm{T}}\tilde{\sigma}\,\mathrm{d}x\mathrm{d}y\mathrm{d}z \rightarrow [\boldsymbol{F}_e] \tag{4.8}$$

式中 $\boldsymbol{B}_e$、$\boldsymbol{K}_e$ 和 $\boldsymbol{F}_e$ 与第三章含义相同，其他参数与公式（4.7）一致。

4.2.1　刚度矩阵元素表达式推导

由于涉及的 $\boldsymbol{B}_e$ 矩阵包含 x、y、z 未知项，因此需要先求积分然后才能确定矩阵元素的表达式。设 $\boldsymbol{H} = [\boldsymbol{B}_e]^{\mathrm{T}}\left[\tilde{\boldsymbol{D}}\right][\boldsymbol{B}_e]$，经过公式推导知只需给出 3×3 矩阵然后根据下标关系即可求得 H 矩阵。公式（4.9）～（4.17）给出了该 3×3 阶矩阵的元素表达式。其中 $0 \leq i \leq 23; 0 \leq j \leq 23$ 且 i, j 均可被 3 整除，同时 $m = i/3, n = j/3$，v 为泊松比。经过

公式推导可以确定 H 矩阵，考虑到每个单元 27 项积分值已经计算好，据此可以确定每个单元刚度矩阵的元素表达式，公式（4.9）~（4.17）。另外，此处 H 矩阵是根据公式（4.7）给出的标准格式得到的，其中 d_{ij} 对应 $\tilde{D}$ 矩阵的元素，f_{ij} 对应矩阵的元素，因此其矩阵元素的表达形式同样适用于符合以上标准形式的其他本构关系。基于公式（4.9）~（4.17），再经过简单的矩阵运算和乘法操作即可形成刚度矩阵。

$$
H(i,j) = \begin{bmatrix}
d_{44}\times f_{m3}\times f_{n3}+d_{33}\times f_{m2}\times f_{n2}+d_{00}\times f_{m1}\times f_{n1} \\
d_{44}\times f_{m5}\times f_{n3}+d_{33}\times f_{m2}\times f_{n4}+d_{33}\times f_{m4}\times f_{n2}+d_{44}\times f_{m3}\times f_{n5} \\
d_{00}\times f_{m1}\times f_{n4}+d_{00}\times f_{m4}\times f_{n1}+d_{44}\times f_{m6}\times f_{n3}+d_{44}\times f_{m3}\times f_{n6} \\
d_{00}\times f_{m1}\times f_{n5}+d_{00}\times f_{m5}\times f_{n1}+d_{33}\times f_{m2}\times f_{n6}+d_{33}\times f_{m6}\times f_{n2} \\
d_{33}\times f_{m4}\times f_{n4}+d_{44}\times f_{m5}\times f_{n5} \\
d_{44}\times f_{m3}\times f_{n7}+d_{44}\times f_{m5}\times f_{n6}+d_{44}\times f_{m6}\times f_{n5}+d_{44}\times f_{m7}\times f_{n3} \\
d_{00}\times f_{m4}\times f_{n4}+d_{44}\times f_{m6}\times f_{n6} \\
d_{33}\times f_{m2}\times f_{n7}+d_{33}\times f_{m4}\times f_{n6}+d_{33}\times f_{m6}\times f_{n4}+d_{33}\times f_{m7}\times f_{n2} \\
d_{00}\times f_{m1}\times f_{n7}+d_{00}\times f_{m4}\times f_{n5}+d_{00}\times f_{m5}\times f_{n4}+d_{00}\times f_{m7}\times f_{n1} \\
d_{00}\times f_{m5}\times f_{n5}+d_{33}\times f_{m6}\times f_{n6} \\
d_{44}\times f_{m5}\times f_{n7}+d_{44}\times f_{m7}\times f_{n5} \\
d_{44}\times f_{m6}\times f_{n7}+d_{44}\times f_{m7}\times f_{n6} \\
d_{33}\times f_{m4}\times f_{n7}+d_{33}\times f_{m7}\times f_{n4} \\
d_{00}\times f_{m4}\times f_{n7}+d_{00}\times f_{m7}\times f_{n4} \\
d_{33}\times f_{m6}\times f_{n7}+d_{33}\times f_{m7}\times f_{n6} \\
d_{00}\times f_{m7}\times f_{n7}+d_{00}\times f_{m5}\times f_{n7} \\
d_{44}\times f_{m7}\times f_{n7} \\
d_{33}\times f_{m7}\times f_{n7} \\
d_{00}\times f_{m7}\times f_{n7}
\end{bmatrix}^{\mathrm{T}}
\begin{bmatrix}
1 \\ x \\ y \\ z \\ x^2 \\ xy \\ y^2 \\ xz \\ yz \\ z^2 \\ x^2y \\ xy^2 \\ x^2z \\ y^2z \\ xz^2 \\ yz^2 \\ x^2y^2 \\ x^2z^2 \\ y^2z^2
\end{bmatrix}
\tag{4.9}
$$

$$
H(i,j+1) = \begin{bmatrix}
d_{33}\times f_{m2}\times f_{n1}+d_{01}\times f_{m1}\times f_{n2} \\
d_{01}\times f_{m1}\times f_{n4}+d_{33}\times f_{m4}\times f_{n1} \\
d_{01}\times f_{m4}\times f_{n2}+d_{33}\times f_{m2}\times f_{n4} \\
d_{01}\times f_{m1}\times f_{n6}+d_{01}\times f_{m5}\times f_{n2}+d_{33}\times f_{m2}\times f_{n5}+d_{33}\times f_{m6}\times f_{n1} \\
d_{01}\times f_{m4}\times f_{n4}+d_{33}\times f_{m4}\times f_{n4} \\
d_{33}\times f_{m7}\times f_{n1}+d_{01}\times f_{m1}\times f_{n7}+d_{01}\times f_{m5}\times f_{n4}+d_{33}\times f_{m4}\times f_{n5} \\
d_{33}\times f_{m2}\times f_{n7}+d_{33}\times f_{m6}\times f_{n4}+d_{01}\times f_{m4}\times f_{n6}+d_{01}\times f_{m7}\times f_{n2} \\
d_{01}\times f_{m5}\times f_{n6}+d_{33}\times f_{m6}\times f_{n5} \\
d_{33}\times f_{m4}\times f_{n7}+d_{33}\times f_{m7}\times f_{n4}+d_{01}\times f_{m4}\times f_{n7}+d_{01}\times f_{m7}\times f_{n4} \\
d_{01}\times f_{m5}\times f_{n7}+d_{33}\times f_{m7}\times f_{n5} \\
d_{01}\times f_{m7}\times f_{n6}+d_{33}\times f_{m6}\times f_{n7} \\
d_{33}\times f_{m7}\times f_{n7}+d_{01}\times f_{m7}\times f_{n7}
\end{bmatrix}^{\mathrm{T}}
\begin{bmatrix}
1 \\ x \\ y \\ z \\ xy \\ xz \\ yz \\ z^2 \\ xyz \\ xz^2 \\ yz^2 \\ xyz^2
\end{bmatrix}
\tag{4.10}
$$

$$
\boldsymbol{H}(i,j+2)=\begin{bmatrix} d_{44}\times f_{m3}\times f_{n1}+d_{02}\times f_{m1}\times f_{n3} \\ d_{02}\times f_{m1}\times f_{n5}+d_{44}\times f_{m5}\times f_{n1} \\ d_{02}\times f_{m1}\times f_{n6}+d_{02}\times f_{m4}\times f_{n3}+d_{44}\times f_{m3}\times f_{n4}+d_{44}\times f_{m6}\times f_{n1} \\ d_{02}\times f_{m5}\times f_{n3}+d_{44}\times f_{m3}\times f_{n5} \\ d_{02}\times f_{m1}\times f_{n7}+d_{02}\times f_{m4}\times f_{n5}+d_{44}\times f_{m5}\times f_{n4}+d_{44}\times f_{m7}\times f_{n1} \\ d_{02}\times f_{m4}\times f_{n6}+d_{44}\times f_{m6}\times f_{n4} \\ d_{02}\times f_{m5}\times f_{n5}+d_{44}\times f_{m5}\times f_{n5} \\ d_{02}\times f_{m5}\times f_{n6}+d_{02}\times f_{m7}\times f_{n3}+d_{44}\times f_{m3}\times f_{n7}+d_{44}\times f_{m6}\times f_{n5} \\ d_{02}\times f_{m4}\times f_{n7}+d_{44}\times f_{m7}\times f_{n4} \\ d_{02}\times f_{m5}\times f_{n7}+d_{02}\times f_{m7}\times f_{n5}+d_{44}\times f_{m7}\times f_{n5}+d_{44}\times f_{m5}\times f_{n7} \\ d_{02}\times f_{m7}\times f_{n6}+d_{44}\times f_{m6}\times f_{n7} \\ d_{02}\times f_{m7}\times f_{n7}+d_{44}\times f_{m7}\times f_{n7} \end{bmatrix}^{\mathrm{T}}\begin{bmatrix} 1 \\ x \\ y \\ z \\ xy \\ y^2 \\ xz \\ yz \\ xy^2 \\ xyz \\ y^2z \\ xy^2z \end{bmatrix} \tag{4.11}
$$

$$
\boldsymbol{H}(i+1,j)=\begin{bmatrix} d_{33}\times f_{m1}\times f_{n2}+d_{01}\times f_{m2}\times f_{n1} \\ d_{01}\times f_{m4}\times f_{n1}+d_{33}\times f_{m1}\times f_{n4} \\ d_{01}\times f_{m2}\times f_{n4}+d_{33}\times f_{m4}\times f_{n2} \\ d_{01}\times f_{m2}\times f_{n5}+d_{33}\times f_{m1}\times f_{n6}+d_{33}\times f_{m5}\times f_{n2}+d_{01}\times f_{m6}\times f_{n1} \\ d_{01}\times f_{m4}\times f_{n4}+d_{33}\times f_{m4}\times f_{n4} \\ d_{33}\times f_{m1}\times f_{n7}+d_{33}\times f_{m5}\times f_{n4}+d_{01}\times f_{m4}\times f_{n5}+d_{01}\times f_{m7}\times f_{n1} \\ d_{33}\times f_{m4}\times f_{n6}+d_{33}\times f_{m7}\times f_{n2}+d_{01}\times f_{m6}\times f_{n4}+d_{01}\times f_{m2}\times f_{n7} \\ d_{01}\times f_{m6}\times f_{n5}+d_{33}\times f_{m5}\times f_{n6} \\ d_{33}\times f_{m7}\times f_{n4}+d_{33}\times f_{m4}\times f_{n7}+d_{01}\times f_{m7}\times f_{n4}+d_{01}\times f_{m4}\times f_{n7} \\ d_{01}\times f_{m7}\times f_{n5}+d_{33}\times f_{m5}\times f_{n7} \\ d_{01}\times f_{m6}\times f_{n7}+d_{33}\times f_{m7}\times f_{n6} \\ d_{33}\times f_{m7}\times f_{n7}+d_{01}\times f_{m7}\times f_{n7} \end{bmatrix}^{\mathrm{T}}\begin{bmatrix} 1 \\ x \\ y \\ z \\ xy \\ xz \\ yz \\ z^2 \\ xyz \\ xz^2 \\ yz^2 \\ xyz^2 \end{bmatrix} \tag{4.12}
$$

$$\boldsymbol{H}(i+1,j+1)=\begin{bmatrix} d_{11}\times f_{m2}\times f_{n2}+d_{33}\times f_{m1}\times f_{n1}+d_{55}\times f_{m3}\times f_{n3} \\ d_{55}\times f_{m3}\times f_{n5}+d_{55}\times f_{m5}\times f_{n3}+d_{11}\times f_{m2}\times f_{n4}+d_{11}\times f_{m4}\times f_{n2} \\ d_{33}\times f_{m1}\times f_{n4}+d_{55}\times f_{m3}\times f_{n6}+d_{55}\times f_{m6}\times f_{n3}+d_{33}\times f_{m4}\times f_{n1} \\ d_{33}\times f_{m5}\times f_{n1}+d_{11}\times f_{m6}\times f_{n2}+d_{33}\times f_{m1}\times f_{n5}+d_{11}\times f_{m5}\times f_{n6} \\ d_{55}\times f_{m5}\times f_{n5}+d_{11}\times f_{m4}\times f_{n4} \\ d_{55}\times f_{m3}\times f_{n7}+d_{55}\times f_{m5}\times f_{n6}+d_{55}\times f_{m6}\times f_{n5}+d_{55}\times f_{m7}\times f_{n3} \\ d_{33}\times f_{m4}\times f_{n4}+d_{55}\times f_{m6}\times f_{n6} \\ d_{11}\times f_{m4}\times f_{n6}+d_{11}\times f_{m6}\times f_{n4}+d_{11}\times f_{m7}\times f_{n2}+d_{11}\times f_{m2}\times f_{n7} \\ d_{33}\times f_{m1}\times f_{n7}+d_{33}\times f_{m4}\times f_{n5}+d_{33}\times f_{m5}\times f_{n4}+d_{33}\times f_{m7}\times f_{n1} \\ d_{11}\times f_{m6}\times f_{n6}+d_{33}\times f_{m5}\times f_{n5} \\ d_{55}\times f_{m5}\times f_{n7}+d_{55}\times f_{m7}\times f_{n5} \\ d_{55}\times f_{m6}\times f_{n7}+d_{55}\times f_{m7}\times f_{n6} \\ d_{11}\times f_{m4}\times f_{n7}+d_{11}\times f_{m7}\times f_{n4} \\ d_{33}\times f_{m7}\times f_{n4}+d_{33}\times f_{m4}\times f_{n7} \\ d_{11}\times f_{m7}\times f_{n6}+d_{11}\times f_{m6}\times f_{n7} \\ d_{33}\times f_{m5}\times f_{n7}+d_{33}\times f_{m7}\times f_{n5} \\ d_{55}\times f_{m7}\times f_{n7} \\ d_{11}\times f_{m7}\times f_{n7} \\ d_{33}\times f_{m7}\times f_{n7} \end{bmatrix}^{\mathrm{T}}\begin{bmatrix} 1 \\ x \\ y \\ z \\ x^2 \\ xy \\ y^2 \\ xz \\ yz \\ z^2 \\ x^2y \\ xy^2 \\ x^2z \\ y^2z \\ xz^2 \\ yz^2 \\ x^2y^2 \\ x^2z^2 \\ y^2z^2 \end{bmatrix} \tag{4.13}$$

$$\boldsymbol{H}(i+1,j+2)=\begin{bmatrix} d_{12}\times f_{m2}\times f_{n3}+d_{55}\times f_{m3}\times f_{n2} \\ d_{12}\times f_{m2}\times f_{n5}+d_{12}\times f_{m4}\times f_{n3}+d_{55}\times f_{m3}\times f_{n4}+d_{55}\times f_{m5}\times f_{n2} \\ d_{12}\times f_{m2}\times f_{n6}+d_{55}\times f_{m6}\times f_{n2} \\ d_{12}\times f_{m6}\times f_{n3}+d_{55}\times f_{m3}\times f_{n6} \\ d_{22}\times f_{m5}\times f_{n4}+d_{12}\times f_{m4}\times f_{n5} \\ d_{22}\times f_{m7}\times f_{n2}+d_{55}\times f_{m6}\times f_{n4}+d_{12}\times f_{m2}\times f_{n7}+d_{12}\times f_{m4}\times f_{n6} \\ d_{22}\times f_{m3}\times f_{n7}+d_{12}\times f_{m7}\times f_{n3}+d_{12}\times f_{m6}\times f_{n5}+d_{55}\times f_{m5}\times f_{n6} \\ d_{22}\times f_{m6}\times f_{n6}+d_{12}\times f_{m6}\times f_{n6} \\ d_{22}\times f_{m7}\times f_{n4}+d_{12}\times f_{m4}\times f_{n7} \\ d_{22}\times f_{m5}\times f_{n7}+d_{12}\times f_{m7}\times f_{n5} \\ d_{22}\times f_{m7}\times f_{n6}+d_{55}\times f_{m6}\times f_{n7}+d_{12}\times f_{m7}\times f_{n6}+d_{12}\times f_{m6}\times f_{n7} \\ d_{22}\times f_{m7}\times f_{n7}+d_{12}\times f_{m7}\times f_{n7} \end{bmatrix}^{\mathrm{T}}\begin{bmatrix} 1 \\ x \\ y \\ z \\ x^2 \\ xy \\ xz \\ yz \\ x^2y \\ x^2z \\ xyz \\ x^2yz \end{bmatrix} \tag{4.14}$$

$$\boldsymbol{H}(i+2,j)=\begin{bmatrix} d_{44}\times f_{m1}\times f_{n3}+d_{02}\times f_{m3}\times f_{n1} \\ d_{02}\times f_{m5}\times f_{n1}+d_{44}\times f_{m1}\times f_{n5} \\ d_{02}\times f_{m3}\times f_{n4}+d_{02}\times f_{m6}\times f_{n1}+d_{44}\times f_{m1}\times f_{n6}+d_{44}\times f_{m4}\times f_{n3} \\ d_{02}\times f_{m3}\times f_{n5}+d_{44}\times f_{m5}\times f_{n3} \\ d_{02}\times f_{m5}\times f_{n4}+d_{02}\times f_{m7}\times f_{n1}+d_{44}\times f_{m1}\times f_{n7}+d_{44}\times f_{m4}\times f_{n5} \\ d_{02}\times f_{m6}\times f_{n4}+d_{44}\times f_{m4}\times f_{n6} \\ d_{44}\times f_{m5}\times f_{n5}+d_{02}\times f_{m5}\times f_{n5} \\ d_{02}\times f_{m3}\times f_{n7}+d_{02}\times f_{m6}\times f_{n5}+d_{44}\times f_{m5}\times f_{n6}+d_{44}\times f_{m7}\times f_{n3} \\ d_{44}\times f_{m4}\times f_{n7}+d_{02}\times f_{m7}\times f_{n4} \\ d_{44}\times f_{m5}\times f_{n7}+d_{44}\times f_{m7}\times f_{n5}+d_{02}\times f_{m5}\times f_{n7}+d_{02}\times f_{m7}\times f_{n5} \\ d_{02}\times f_{m6}\times f_{n7}+d_{44}\times f_{m7}\times f_{n6} \\ d_{44}\times f_{m7}\times f_{n7}+d_{02}\times f_{m7}\times f_{n7} \end{bmatrix}^{T}\begin{bmatrix} 1 \\ x \\ y \\ z \\ xy \\ y^2 \\ xz \\ yz \\ xy^2 \\ xyz \\ y^2z \\ xy^2z \end{bmatrix} \quad (4.15)$$

$$\boldsymbol{H}(i+2,j+1)=\begin{bmatrix} d_{55}\times f_{m2}\times f_{n3}+d_{12}\times f_{m3}\times f_{n2} \\ d_{12}\times f_{m3}\times f_{n4}+d_{12}\times f_{m5}\times f_{n2}+d_{55}\times f_{m2}\times f_{n5}+d_{55}\times f_{m4}\times f_{n3} \\ d_{12}\times f_{m6}\times f_{n2}+d_{55}\times f_{m2}\times f_{n6} \\ d_{12}\times f_{m3}\times f_{n6}+d_{55}\times f_{m6}\times f_{n3} \\ d_{12}\times f_{m5}\times f_{n4}+d_{55}\times f_{m4}\times f_{n5} \\ d_{12}\times f_{m6}\times f_{n4}+d_{12}\times f_{m7}\times f_{n2}+d_{55}\times f_{m2}\times f_{n7}+d_{55}\times f_{m4}\times f_{n6} \\ d_{12}\times f_{m3}\times f_{n7}+d_{12}\times f_{m5}\times f_{n6}+d_{55}\times f_{m6}\times f_{n5}+d_{55}\times f_{m7}\times f_{n3} \\ d_{12}\times f_{m6}\times f_{n6}+d_{55}\times f_{m6}\times f_{n6} \\ d_{12}\times f_{m7}\times f_{n4}+d_{55}\times f_{m4}\times f_{n7} \\ d_{12}\times f_{m5}\times f_{n7}+d_{55}\times f_{m7}\times f_{n5} \\ d_{12}\times f_{m6}\times f_{n7}+d_{12}\times f_{m7}\times f_{n6}+d_{55}\times f_{m6}\times f_{n7}+d_{55}\times f_{m7}\times f_{n6} \\ d_{12}\times f_{m7}\times f_{n7}+d_{55}\times f_{m7}\times f_{n7} \end{bmatrix}^{T}\begin{bmatrix} 1 \\ x \\ y \\ z \\ x^2 \\ xy \\ xz \\ yz \\ x^2y \\ x^2z \\ xyz \\ x^2yz \end{bmatrix} \quad (4.16)$$

$$H(i+2,j+2)=\begin{bmatrix} d_{55}\times f_{m2}\times f_{n2}+d_{44}\times f_{m1}\times f_{n1}+d_{22}\times f_{m3}\times f_{n3} \\ d_{22}\times f_{m3}\times f_{n5}+d_{55}\times f_{m2}\times f_{n4}+d_{55}\times f_{m4}\times f_{n2}+d_{22}\times f_{m5}\times f_{n3} \\ d_{44}\times f_{m1}\times f_{n4}+d_{22}\times f_{m6}\times f_{n3}+d_{22}\times f_{m3}\times f_{n6}+d_{44}\times f_{m4}\times f_{n1} \\ d_{55}\times f_{m6}\times f_{n2}+d_{55}\times f_{m2}\times f_{n6}+d_{44}\times f_{m5}\times f_{n1}+d_{44}\times f_{m1}\times f_{n5} \\ d_{22}\times f_{m5}\times f_{n5}+d_{55}\times f_{m4}\times f_{n4} \\ d_{22}\times f_{m6}\times f_{n5}+d_{22}\times f_{m5}\times f_{n6}+d_{22}\times f_{m7}\times f_{n3}+d_{22}\times f_{m3}\times f_{n7} \\ d_{22}\times f_{m6}\times f_{n6}+d_{44}\times f_{m4}\times f_{n4} \\ d_{55}\times f_{m7}\times f_{n2}+d_{55}\times f_{m6}\times f_{n4}+d_{55}\times f_{m4}\times f_{n6}+d_{55}\times f_{m2}\times f_{n7} \\ d_{44}\times f_{m5}\times f_{n4}+d_{44}\times f_{m4}\times f_{n5}+d_{44}\times f_{m1}\times f_{n7}+d_{44}\times f_{m7}\times f_{n1} \\ d_{44}\times f_{m5}\times f_{n5}+d_{55}\times f_{m6}\times f_{n6} \\ d_{22}\times f_{m7}\times f_{n5}+d_{22}\times f_{m5}\times f_{n7} \\ d_{22}\times f_{m7}\times f_{n6}+d_{22}\times f_{m6}\times f_{n7} \\ d_{55}\times f_{m7}\times f_{n4}+d_{55}\times f_{m4}\times f_{n7} \\ d_{44}\times f_{m7}\times f_{n4}+d_{44}\times f_{m4}\times f_{n7} \\ d_{55}\times f_{m7}\times f_{n6}+d_{55}\times f_{m6}\times f_{n7} \\ d_{44}\times f_{m7}\times f_{n5}+d_{44}\times f_{m5}\times f_{n7} \\ d_{22}\times f_{m7}\times f_{n7} \\ d_{55}\times f_{m7}\times f_{n7} \\ d_{44}\times f_{m7}\times f_{n7} \end{bmatrix}^{T}\begin{bmatrix} 1 \\ x \\ y \\ z \\ x^2 \\ xy \\ y^2 \\ xz \\ yz \\ z^2 \\ x^2y \\ xy^2 \\ x^2z \\ y^2z \\ xz^2 \\ yz^2 \\ x^2y^2 \\ x^2z^2 \\ y^2z^2 \end{bmatrix} \tag{4.17}$$

4.2.2 应力累积矩阵公式推导

根据公式（4.6）和（4.7）可知，右端项 $\tilde{\sigma}$ 中包含前一时间步的应力 $\sigma^{t-\Delta t}$ 和应变 $\varepsilon^{t-\Delta t}$ 表达式，同时 $\sigma^{t-\Delta t}$ 又依赖于 $\sigma^{t-2\Delta t}$ 和应变 $\varepsilon^{t-2\Delta t}$，依此类推当前时间步的 $\tilde{\sigma}$ 会涉及 $0,1,\cdots,i-2,i-1$ 等时间步的应力和应变累积结果。

为了精确获取当前时间步上述分量的积分结果，需要将前面时间步的应力、应变结果表示成坐标和位移的函数，接下来 $\tilde{\sigma}$ 可以表示为该函数的组合。在每一个时间步，$\tilde{\sigma}$ 将首先被更新，随后单纯形积分算法被应用到 $\iiint_v [\boldsymbol{B}_e]^T \tilde{\sigma}\mathrm{d}x\mathrm{d}y\mathrm{d}z$ 上进而形成右端项 $[\boldsymbol{F}_e]$。另外，当三维黏弹性数值流形模拟计算完成一步后，需要将该步形成的应力增量作为下一步模拟的初应力，该过程可以与 $[\boldsymbol{F}_e]$ 形成过程合并进行以简化操作。

第五章　多点约束的数学算法与结点更新策略研究

　　随着大量观测数据的产出，数值模拟中一部分未知量及其关系在模拟之前被逐渐揭示出来。比如在地壳变形模拟中，其自由度通常为位移量，而以 GNSS 为代表的空间对地观测技术的发展为变形模拟提供了高精度、大尺度和统一参考框架的地表位移数据。因此，如何更好地利用这些未知量之间的关系对数值模拟过程进行有效约束是值得深入研究的问题。

　　自由度约束问题又称为多点约束问题，常规的处理方法包括罚函数法、拉格朗日乘子法等（Powell，1969；Evans et al.，1973；张德文等，2000）。本章将大地测量数据处理中附有限定条件的间接平差算法（於宗俦等，1978；吴俊昶等，1998），引入到三维数值流形方法的多点约束中，给出了约束条件下的最小二乘和强制求解的算法描述。在此基础上，通过单轴拉伸模拟实例验证了两算法的有效性，对比了不同求解策略的差异（Wu et al.，2013）。最后，针对三维数值流形方法的结点更新策略进行了模拟实验与对比分析。

5.1　多点约束的数学表达式

　　三维数值流形方法通过构建刚度矩阵、初应力矩阵、点荷载矩阵、体荷载矩阵、惯性矩阵、速度矩阵、固定点矩阵、接触矩阵、摩擦矩阵等形成了总体线性方程组，如公式（5.1）所示

$$\underset{n,n}{\boldsymbol{K}}\underset{n,1}{\boldsymbol{x}} - \underset{n,1}{\boldsymbol{F}} = 0 \tag{5.1}$$

式中，$\boldsymbol{K}$ 为系数矩阵；$\boldsymbol{x}$ 为未知数（一般为覆盖的位移）；$\boldsymbol{F}$ 为常数项。求解该方程组即可得到未施加多点约束的数值模拟结果。考虑到越来越多的观测数据产出，公式（5.1）中部分未知数 $\boldsymbol{x}$ 已知或者部分 x_i 之间的关系已知，因此可以组成如公式（5.2）的数学约束，式中包含 s 个约束条件，每个约束条件可以包含最多为 n 的未知数，其中 C 为系数矩阵、$\boldsymbol{x}$ 为未知数（同公式（5.1）中 $\boldsymbol{x}$）、$\boldsymbol{W}_x$ 为常数项。

$$\underset{s,n\ n,1}{\boldsymbol{C}\ \boldsymbol{x}}-\underset{s,1}{\boldsymbol{W}_x}=0 \tag{5.2}$$

根据上述两组方程的定义及形成原理，称公式（5.1）为物理方程、公式（5.2）为数学方程。因此，多点约束需要解决的根本问题是在考虑方程（5.2）的条件下求解方程（5.1）。

5.2 多点约束方程的求解

联立方程（5.1）和（5.2）可得公式（5.3），式中包含 n 个物理方程和 s 个数学约束方程，原则上可以施加多个约束，并且每个约束方程最多可实现对所有自由度的约束。

$$\begin{cases} \underset{n,n\ n,1}{\boldsymbol{K}\ \boldsymbol{x}}-\underset{n,1}{\boldsymbol{F}}=0 \\ \underset{s,n\ n,1}{\boldsymbol{C}\ \boldsymbol{x}}-\underset{s,1}{\boldsymbol{W}_x}=0 \end{cases} \tag{5.3}$$

由于公式（5.3）中包含 $n+s$ 个方程，待定参数为 n 个。因此根据约束的性质可以采用不同的求解策略，比如强制约束求解和最小二乘求解。

5.2.1 强制求解策略

针对公式（5.3），如果约束条件为强约束［即公式（5.2）的约束条件必须满足］，可采用附有限定条件的间接平差方式进行求解（於宗俦等，1978；吴俊昶等，1998）。求解方程见公式（5.4），式中包括 $n+s$ 个方程、$n+s$ 个未知数，其中未知数 x_s（共 s 个）在测量平差中称为联系数。直接求解方程（5.4），即可得到满足公式（5.2）强制约束条件下的数值模拟的解。

$$\begin{cases} \underset{n,n\ n,1}{\boldsymbol{K}\ \boldsymbol{x}}+\underset{n,s}{\boldsymbol{C}^{\mathrm{T}}}\underset{s,1}{\boldsymbol{x}_s}-\underset{n,1}{\boldsymbol{F}}=0 \\ \underset{s,n\ n,1}{\boldsymbol{C}\ \boldsymbol{x}}\qquad\quad -\underset{s,1}{\boldsymbol{W}_x}=0 \end{cases} \tag{5.4}$$

5.2.2 最小二乘求解策略

同样针对公式（5.3），可采用最小二乘方式求解，具体形式如公式（5.5）所示。公式（5.5）中包含 $n+s$ 个方程、n 个未知数，由于方程个数大于未知数个数，因此可以在最小二乘准则下求得唯一解。

$$\underset{n+s,nn,1}{B \; x} = \underset{n+s,1}{L} \tag{5.5}$$

在实际数值模拟中，可通过权矩阵来平衡物理方程和数学约束方程在整个线性方程组中的比重。公式（5.6）给出了权矩阵的具体形式，该矩阵一般为对角阵（张德文等，2000）。考虑到公式（5.5）中前 n 个方程由物理模型确定，可令 $P_1=P_2=\cdots P_n=1$；后 s 个方程可根据约束的类型施加不同的权。以地壳变形模拟为例，对于同类观测可根据观测资料的精度定权，对于不同类型的观测可以建立测量平差模型，并采用赫尔默特方差估计定权（吴俊昶等，1998；武艳强等，2006；Wu et al, 2021）。一般情况下为了保证数学约束方程在整个方程组中占优，根据观测资料精度或赫尔默特方差估计对数学约束方程完成定权后尚需乘以一个较大的比例因子，以平衡物理方程和数学方程的作用。

$$\underset{n+s,n+s}{P} = \begin{bmatrix} p_1 & 0 & \cdots & 0 & 0 & \cdots & 0 \\ 0 & p_2 & \cdots & 0 & 0 & \cdots & 0 \\ \cdots & \cdots & \cdots & \cdots & \cdots & \cdots & \cdots \\ 0 & 0 & \cdots & p_n & 0 & \cdots & 0 \\ 0 & 0 & \cdots & 0 & p_{n+1} & \cdots & 0 \\ \cdots & \cdots & \cdots & \cdots & \cdots & \cdots & \cdots \\ 0 & 0 & \cdots & 0 & 0 & \cdots & p_{n+s} \end{bmatrix} \tag{5.6}$$

根据公式（5.5）和公式（5.6），依据测量平差原理（於宗俦等，1978；吴俊昶等，1998）可得法方程，公式（5.7），进而求解未知数。

$$\underset{n,n+s}{B^{\mathrm{T}}} \underset{n+s,n+s}{P} \underset{n+s,n}{B} \underset{n,1}{\hat{x}} - \underset{n,n+s}{B^{\mathrm{T}}} \underset{n+s,n+s}{P} \underset{n+s,1}{L} = 0 \tag{5.7}$$

5.3　多点约束的 3D–NMM 模拟实例

前文给出了多点约束的公式及两种求解策略，下面利用三维数值流形方法对该问题进行实例测试，对于该模拟方法的具体实现细节可参阅文献（武艳强等，2012）。

5.3.1　物理模型及不加数学约束的模拟结果

考虑到本节主要目的为验证多点约束求解算法的有效性，因此模型选择较为简单。图 5–1 给出了双侧力作用下的单轴拉伸模拟示意图，模型由 32 个物理单元组成，其中 X 和 Z 向各划分 2 单元，Y 向划分 8 个单元，单元的长宽高均为 1m，数学网格与物理网格重合，模型最左侧物理单元的左侧面的 Y 坐标为 0。

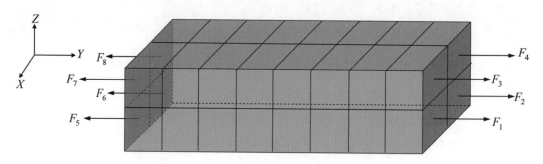

图 5-1 单轴拉伸模型

图 5-1 示例中杨氏模量 $E = 5 \times 10^8 \text{Pa}$、沿 Y 向拉力 F_1=F_2=F_3=F_4=F_5=F_6=F_7=F_8= 2500N，泊松比 v=0.2，由于密度对本例模拟不产生影响，因此在此不再给出。

通过理论计算得到沿 Y 向中轴线处（X=0,Z=0）的正应力

$$\delta_Y = \sum_{i=1}^{4} F_i / S = 10000/4 = 2500 \text{Pa}$$

根据双侧力单轴拉伸模型的变形特性可知中轴线处沿 Y 向的位移呈现有序分布特征（靠近施加力附近较大，中点位移为 0）。为增强计算的稳定性，根据上述模型的变形特性对 $Y(m)$=4.0m 处沿 Y 方向施加固定位移约束，约束方法参见文献（Shi 1996；石根华，1997）。表 5-1 给出了中轴线上部分结点处位移分布（结点为数学覆盖的形心，下同），其中 $Y(m)$ 表示与图 5-1 左侧面之间的距离。从表 5-1 中轴线沿 Y 向的位移分布来看其满足线性变化，且以 $Y(m)$=4.0m 呈对称分布，同时中点位移相对于其他测点为一无穷小量。根据该位移分布可以计算应变分布为 $\varepsilon_y = 5 \times 10^{-6}$，该值与中轴线处应变的理论估值 $\varepsilon_y \approx \delta_y / E \approx 5 \times 10^{-6}$ 一致。

表 5-1　不加数学约束的模拟结果

Y 坐标 (m)	Y 向位移 (m)	Y 坐标 (m)	Y 向位移 (m)	Y 坐标 (m)	Y 向位移 (m)
0.0	−2.0E−05	3.0	−5.0E−06	6.0	1.0E−05
1.0	−1.5E−05	4.0	−1.3E−19	7.0	1.5E−05
2.0	−1.0E−05	5.0	5.0E−06	8.0	2.0E−05

注：中轴线沿 Y 向位移分布。

5.3.2　强制约束求解策略结果

根据前文公式推导，在图 5-1 模型方案的基础上于 $Y(m)$=3.0m 和 $Y(m)$=5.0m 处结点进行强制约束，约束方程为 $\text{dis}p_{y(Y(m)=3.0)} = \text{dis}p_{y(Y(m)=5.0)}$，即强制约束上述结点沿 Y 向

位移相等，表 5-2 给出了模拟结果。

表 5-2　强制约束的模拟结果

Y 坐标 (m)	Y 向位移 (m)	Y 坐标 (m)	Y 向位移 (m)	Y 坐标 (m)	Y 向位移 (m)
0.0	−1.5E−05	3.0	−8.8E−19	6.0	4.8E−06
1.0	−9.9E−06	4.0	−9.7E−20	7.0	9.9E−06
2.0	−4.8E−06	5.0	−8.7E−19	8.0	1.5E−05

注：中轴线沿 Y 向位移分布。

表 5-2 结果表明由于强制约束方程的加入导致 $Y=3.0\text{m}$、$Y=4.0\text{m}$ 和 $Y=5.0\text{m}$ 的结点 Y 向位移相对于其他测点均为一小量。本例中强制约束的加入相当于将第 4 和第 5 排单元的 Y 向刚度置无穷大，导致此两单元沿 Y 向无变形。从数据结果来看，本例的多点强制约束达到了预期效果。

5.3.3　最小二乘求解结果

1. 模拟结果分析

在约束方程与 5.3.2 节相同的情况下，利用最小二乘求解策略求解。由于该求解策略需要考虑约束方程在整个方程组中的比重问题，即确定公式（5.6）的权矩阵。由于模拟示例的杨氏模量 $E = 5 \times 10^{8}\text{Pa}$，可知物理方程主对角线元素的量值较大，参考文献（Shi, 1996；石根华，1997）中固定位移弹簧的选择原则（弹簧刚度一般大于杨氏模量 2 个量级，可知数学约束的权应该较大）。本例中数学约束方程的系数为 1 或 −1，考虑到公式（5.7）的最小二乘求解过程（本例中法方程的对角元素会达到 $10^{16} \sim 10^{17}$ 量值），知约束方程（$n \sim n+s$ 阶）与物理方程（$0 \sim n$ 阶）的权比应该在 $10^{18} \sim 10^{19}$ 量值才能保证约束方程占优势。表 5-3 给出了数学方程权重为 2.5×10^{19} 情况下的位移分布结果，该权值可根据杨氏模量简单估算，即

$$\text{power\_ratio} = \left(\text{value}(E)\right)^{2} \times 10^{2} = \left(5 \times 10^{8}\right)^{2} \times 10^{2} = 2.5 \times 10^{19}$$

表 5-3　最小二乘约束的模拟结果

Y 坐标 (m)	Y 向位移 (m)	Y 坐标 (m)	Y 向位移 (m)	Y 坐标 (m)	Y 向位移 (m)
$Y(m)$	$Disp\_Y(m)$	$Y(m)$	$Disp\_Y(m)$	$Y(m)$	$Disp\_Y(m)$
0.0	−8.0E−06	3.0	−5.0E−09	6.0	1.4E−06
1.0	−4.0E−06	4.0	1.7E−19	7.0	4.0E−06
2.0	−1.4E−06	5.0	5.0E−09	8.0	8.0E−06

注：中轴线沿 Y 向位移分布，数学方程权重为 2.5×10^{19}。

同表 5-2 类似，表 5-3 结果表明 $Y=3.0\text{m}$ 和 $Y=5.0\text{m}$ 处结点位移量值约为 10^{-9}m，相对除 $Y=4.0\text{m}$ 的结点位移小 3 个量级。另外，表 5-3 给出的位移分布同样表现出对称特征，且呈非线性，该特点不同于表 5-1 的线性特征，也不同于表 5-2 的分段线性特征。

2. 不同权比的影响分析

考虑到表 5-3 数据是权比为 2.5×10^{19} 的模拟结果，因此有必要进一步分析权比变化对模拟结果的影响。通过试算得到权比为 2.5×10^{18} 和 2.5×10^{20} 时的模拟结果，将计算结果与表 5-3 求差，然后计算各测量点 Y 向位移差值的绝对值均值得

$$diff_1 = \frac{\sum_{i=0}^{8}\left(\left|x_i^{(19)} - x_i^{(18)}\right|\right)}{9} = 3.9\times10^{-8}\text{m}$$

和

$$diff_2 = \frac{\sum_{i=0}^{8}\left(\left|x_i^{(19)} - x_i^{(20)}\right|\right)}{9} = 4.0\times10^{-9}\text{m}$$

式中 $x_i^{(19)}$ 表示权比为 2.5×10^{19} 时的第 i 个测量点的位移值。

上述结果表明，本例中权比 $2.5\times10^{18} \sim 2.5\times10^{20}$ 范围内变化对结果影响很小。

根据最小二乘理论，如果仅需要数学约束方程得到部分满足，可通过降低权比实现，图 5-2 给出了权比较小时的模拟结果。结果显示，本例中随着权比逐渐增大，位移分布曲线的非线性特征逐渐显现，表明权比越大数学约束方程在整个方程组中的作用越大。因此，在实际的数值模拟中，可通过调整权比来控制约束条件的满足程度。

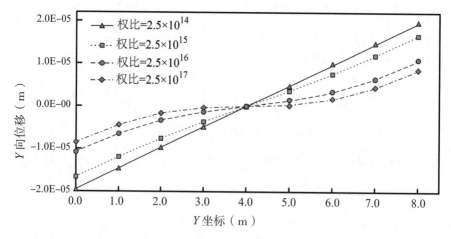

图 5-2 不同权比情况下中轴线处沿 Y 向的位移分布（最小二乘约束求解）

5.3.4　不同求解策略的差异性分析

为了形象展示不同求解策略的模拟效果，图 5-3 给出了不同方案模型中轴线处沿 Y 向的位移分布结果。鉴于前文关于权比对最小二乘求解结果影响的分析，图 5-3 中仅给出了权比为 2.5×10^{19} 的结果。

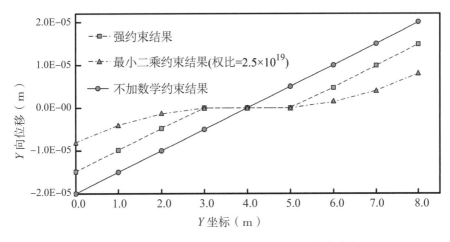

图 5-3　不同求解方案中轴线处沿 Y 向的位移分布

对比图 5-3 不同求解方案位移结果，可以发现强制约束条件下 $Y=3.0\text{m}$、$Y=4.0\text{m}$ 和 $Y=5.0\text{m}$ 时 Y 向位移相同，均接近于 0，且 $Y \leqslant 3.0\text{m}$ 和 $Y \geqslant 5.0\text{m}$ 时位移的线性分布规律一致（即斜率相等）。不加数学约束的直接求解方案的位移分布表现出规则的线性特征，且线性斜率与强制约束在 $Y \leqslant 3.0\text{m}$ 和 $Y \geqslant 5.0\text{m}$ 时一致。上述结果表明，强制位移约束可以较好地约束指定单元，且对周边单元影响较小。最小二乘约束结果在 $Y=3.0\text{m}$、$Y=4.0\text{m}$ 和 $Y=5.0\text{m}$ 与强制约束一致，均为一小量。当 $Y \leqslant 3.0\text{m}$ 和 $Y \geqslant 5.0\text{m}$ 时最小二乘结果表现出明显的非线性特征，斜率发生明显改变。该结果表明虽然最小二乘约束施加于几个结点，但因其改变了方程的结构，因此该求解策略会对非施加约束的单元产生影响，且距离约束单元越近影响越大。另外，根据图 5-3 中不同方案沿 Y 位移分布特征的斜率变化情况可知，本例中直接求解结果的 Y 向应变 ε_y 为常量；强制约束结果的 ε_y 在约束段接近 0，非约束段为常量（该常量与直接求解结果一致），但应变分布存在跳跃；最小二乘约束结果的 ε_y 为一变量，且在约束段和非约束段不存在应变跳跃。

5.4 结点更新方案讨论

由于数值流形方法模拟属于多步模拟，因此如何维护不同时间步结点信息需要研究。一般而言，针对 3D-NMM 的结点更新有三种处理方案，见图 5-4。第一种方案是每一时间步后更新物理结点和数学结点；第二种是只更新物理结点，不更新数学结点；第三种是两种结点均不更新，但记录位移和累积应力。每种更新方案均存在一些问题，第一种方案每一时间步均需重新计算权函数；第二种方案可能会出现物理单元伸出数学单元外部的情况；第三种情况对于多次静动转换问题很难处理。

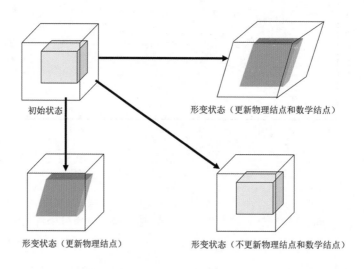

图 5-4 3D-NMM 的三种结点更新方案（实体单元为物理单元，透明网格为数学单元）

针对悬臂梁大变形例子对三种方案进行对比分析，模型中外力 F=-500000N、密度 ρ=2000kg/m³、杨氏模量 $E=5 \times 10^7$Pa、泊松比 v=0.25。模型左端固定，沿 X、Z 向模型长度 2m，划分为 1 个单元，沿 Y 向模型长度为 10m，划分 8 个单元。图中红色网格为数学网格，蓝色实体为物理模型，其中数学网格小于物理单元。

针对图 5-5 悬臂梁模型，利用上述模型参数，分别采用图 5-4 三种结点更新方案进行变形分析，其中每种方案每步均累加应力，并记录累积位移。模拟时间步长为 1 秒，分 40 步进行模拟。图 5-6 给出了三种方案模拟结果剖面示意图，图 5-7 给出了定量分析结果。

图 5-6 和图 5-7 结果表明，即使采用 8 个结点，三种方案结果均与理论值较为接近，既可保证模拟精度又可保证单元交界处位移的连续性，但在具体模拟过程中需要考虑该方案是否满足实际情况及程序的复杂度，再选定更新方案。

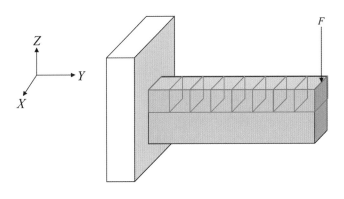

图 5-5　悬臂梁示意图

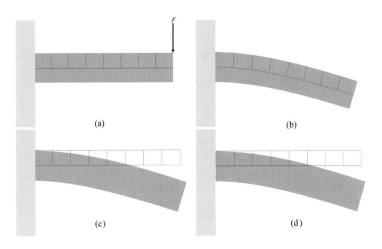

图 5-6　不同结点更新方案变形示意结果（剖面）

（a）初始状态；（b）变形后结果（更新数学和物理结点）；（c）变形后结果（仅更新物理结点）；
（d）变形后结果（不更新结点）

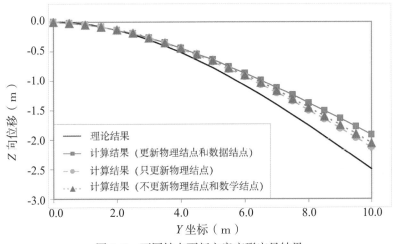

图 5-7　不同结点更新方案变形定量结果

在具体模拟过程中需要考虑更新方案是否满足实际情况及程序复杂度，再选定更新方案。

5.5 小结

本章从公式推导和模型测试角度对多点数学约束的求解算法进行了描述，将附有限定条件的测量平差理论引入到了三维数值流形模拟中，拓展了测量平差中权的概念，发展了数学方程与物理方程权比的概念，并给出了权比估算方法。同时，结合悬臂梁模型对数学和物理结点的更新方案进行了讨论。

（1）根据公式推导过程可知本章发展的多点位移约束方法具有普适性，同样适用于 DDA、FEM 等数值模拟方法。虽然本章给出的数值模拟实例和数学约束均较简单，但在实际应用中的基本原理是一致的，因此可通过该方法实现复杂的数学约束。

（2）强制求解策略可以实现对某几个未知数的强制约束，不改变方程的总体结构，对其他未知数影响较小。因此，如果先验约束条件明确已知，并且该约束条件影响的单元也已知，则强制约束策略最为适合。

（3）最小二乘求解策略由于改变方程组的结构，可能会影响较多的单元，且距离约束单元越近影响越大。并且，可通过调整约束方程与物理方程的权比大小来控制约束方程的满足程度，权比越小则约束强度越弱。考虑到实际数值模拟中物理模型的本构关系、物性参数、初始应力等均可能含有推测的成分，观测结果也包含一定程度的误差，因此在未知因素较多且先验约束条件不完全明确的条件下最小二乘约束较为适合。

（4）通过不同结点更新方案的对比研究，验证了在应力逐步累积和记录位移条件下三种方案的有效性，对于连续变形分析或者仅进行一次静–动转化的非连续变形（变形量不大）分析，三种方案均可满足要求。

因此，强制约束和最小二乘求解有各自的适应性，并且一个数值模拟过程中可以既存在最小二乘约束又存在强制约束，在程序实现中可通过一个指标标识该约束采用何种方法求解。在数学和物理结点更新方案的选择上，需综合考虑实际需求和程序实现的复杂度。

第六章　三维数值流形模型与结果可靠性分析

前面章节对 3D-NMM 自动建模、单纯形积分算法及特性、弹性与黏弹性本构关系矩阵元素表达式推导、位移的数学约束算法和结点更新方案等进行了阐述。为了将三维数值流形方法应用于实际的模拟中，本章重点针对连续与非连续变形、弹性与黏弹性变形建模与结果可靠性进行分析。

6.1　三维数值流形程序流程与方程求解

三维数值流形程序的实现是将公式推导和实际应用联系起来的关键步骤。图 6-1 给出了其程序流程图。首先，程序初始化数据结构和变量，然后读取数学覆盖，物理模型（包括物理节点、单元表面、物理单元及其重心等）和边界约束（物理约束包括点载荷约束、体积力约束、固定位移约束；数学约束包括最小二乘数学约束和严格数学约束）。最主要的两个步骤是求解方程组和处理接触和摩擦问题。在这个过程中，将元素矩阵，约束方程，接触约束和摩擦矩阵组合成一个联立方程，本书采用 SuperLU 求解器进行求解（Demmel et al., 1999；Li et al., 1999；Li, 2005）。图中开闭迭代是指求解方程组后，根据接触与摩擦准则判断是否出现接触约束或摩擦矩阵超出锁定或滑动准则，如果有任何一组接触或摩擦需要调整则对相关约束更新后再次进行方程求解与判断。如果开闭迭代不能在六个步骤内收敛，则时间步将减少，然后将重新组合并求解全局方程。最后三个步骤是结果输出（即二进制文件和文本文件），信息更新和程序退出处理。

为了详细描述联立方程的形成和求解，图 6-1 的右侧给出了三个子模块。第一个是根据刚度矩阵、惯性矩阵、载荷矩阵等形成单元方程 $[K_e][D_e]=[F_e]$（即 24×24 阶的系数矩阵 $[K_e]$；24×1 阶的未知向量 $[D_e]$；24×1 阶的常数矩阵 $[F_e]$）。然后，联立方程将由所有单元矩阵，严格约束数学矩阵和最小二乘数学矩阵组成 $[K][D]=[F]$。最后一个模块是求解联立方程，设计了一个名为 sparse_solve_function（）的 C++ 接口函数（表 6-1），通过调用 SuperLU 求解器来解算大规模方程（Demmel et al., 1999；Li et al., 1999；Li, 2005）。

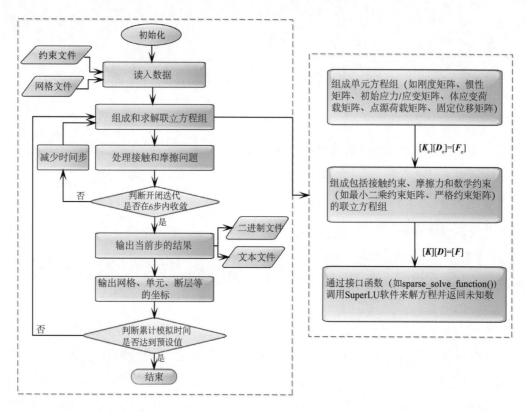

图 6-1　三维数值流形程序流程图

表 6-1　接口函数 sparse_solve_function（）伪代码

```
void sparse_solve_function(int M,int N,int nz, double *val, int *row_ind, int *col_ind, double *l, double *val_col, int *row_
ind_col, int *col_ptr_col, double *unknown)
{
    //Where M, N and nz are the row count, column count and nonzero element count of the whole equation, respectively.

    //Where val[], row_ind[] and col_ind[] are one dimensional arrays with nz rank that save the value, row number and column
number in the coordinate format for the whole equation, respectively.

    //Where l[] is a one dimensional array with M rank that save the right term of the whole equation.

    //Where val_col[], row_ind_col[] and col_ptr_col [] are one dimensional array that save the value, row number and column
pointer in column-compressed format for the whole equation, respectively.

    //Where unknown [] is a one dimensional array with N rank that save the unknown values of the whole equation.


    // Define and initialize the common variables


    //Convert coefficient matrix in the coordinate format to column-compressed format for the whole equation.
    if(M>N)
```

续表

```
        form_compcol_matrix_ls(M,N,nz,val,row_ind,col_ind,l,nz_all,val_col,row_ind_col,col_ptr_col,b);
    else if (M==N)
        form_compcol_matrix_direct(M,N,nz,val,row_ind,col_ind,l,nz_all,val_col,row_ind_col,col_ptr_col,b);
    else
    {
        cerr<<"Meeting failure for the row count of equation is less than its column count, please check!"<<endl;
        exit(1);
    }
    //Where nz_all is the nonzero element count of the final equation.


    // Create matrix A, X, B by calling SuperLU function
    dCreate_CompCol_Matrix(&A, rank, rank,nz_all, val_col,row_ind_col,col_ptr_col,SLU_NC, SLU_D, SLU_GE);
    dCreate_Dense_Matrix(&B,rank, nrhs, l_col,rank, SLU_DN, SLU_D, SLU_GE);
    dCreate_Dense_Matrix(&X,rank, nrhs, unknown,rank,SLU_DN, SLU_D, SLU_GE);


    //Solve the equation A × X=B by calling the SuperLu function
    dgssvx(&options, &A, perm_c, perm_r, etree, equed, R, C,&L, &U, work, 0, &B, &X, &rpg, &rcond, ferr, berr,&mem_usage,
    &stat, &info);
    //Where X save the unknown of the equation, rcond save condition number of the equation, and info save the status of the
    equation solving.
    if(info!=0)
    {
        cerr<<"Meeting failure when solving the equation, please check!"<<endl;
        exit(1);
    }
}
```

在表 6-1 中，给出了 sparse_solve_function（）的一些框架代码。三维数值流形主程序调用该函数时，首先以三元组格式存储稀疏矩阵的非零元素（行标、列标和元素值），形成联立方程的系数矩阵；然后 sparse_solve_function（）通过调用 form_compcol_matrix_ls（）（最小二乘模式）或 form_compcol_matrix_direct（）（直接模式），将三元组格式的系数矩阵转换为列压缩格式。最后，sparse_solve_function（）将调用三个 SuperLU 函数来创建矩阵，然后调用 dgssvx（）函数来求解矩阵方程组。

6.2　弹性本构关系变形实例分析

6.2.1　悬臂梁弯曲变形模拟

为了分析三维数值流形方法的有效性，下面对悬臂梁弯曲问题进行模拟，图 6-2 给出了变形前示意图。图中的红色虚线为数学网格，绿色实体为物理单元（数学网格范围大于物理网格），梁沿 Y 向被划分为 16 个单元，长度为 10m；沿 X 和 Z 向均为 1 个单元，长度为 2m，杨氏模量 $E = 5 \times 10^7 \mathrm{Pa}$，同样为了便于与理论结果对比分析假设泊松比 $v = 0.0$（本例仅仅是为了测试数据，在实际模拟中不会出现），由于密度对本例模拟不产生影响，因此在此不再给出。

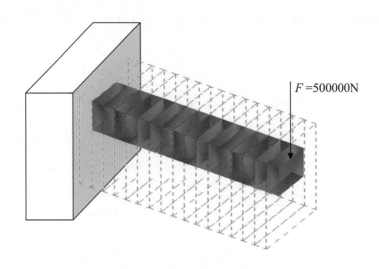

图 6-2　悬臂梁变形前示意图

根据图 6-2 模型，采用三维数值流形方法进行模拟，图 6-3（a）给出了变形后的模拟结果示意图。根据梁变形解析公式（Gere，2001），可以方便地计算出悬臂梁弯曲的解析结果，选择沿 Y 方向中轴线部分测量点，图 6-3（b）给出了三维数值模拟结果与理论计算结果的对比情况。

图 6-3 结果显示，理论计算结果与数值模拟结果的差异非常小，最大差异仅为 0.07m。同时值得注意的是本例的单元个数只有 16 个，而利用最少的单元能达到较好的效果一直以来是数值模拟的目标。

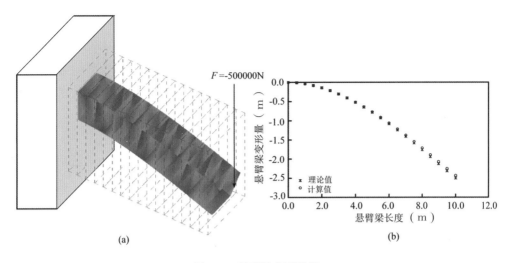

图 6-3 悬臂梁变形结果

（a）变形后悬臂梁示意图；（b）理论计算结果与三维数值流形模拟结果对比

6.2.2 自由落体运动模拟

三维数值流形方法可以有效地解决非连续与连续变形的耦合问题，其中刚体运动是非连续变形的特殊形式，下面对自由落体运动进行模拟测试。图 6-4 给出了模型示意图，其中沿 X、Y、Z 方向均划分为 2 个单元，每个单元的长宽高均为 1m。对模型施加的体积力为 $F_Z = -9.8 \text{m/s}^2$，由于密度、杨氏模量、泊松比对自由落体运动影响可以忽略，在此不再给出。

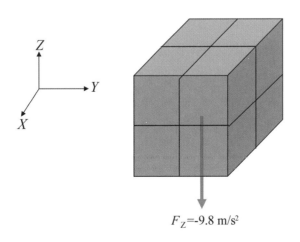

图 6-4 自由落体运动模型示意图

根据图 6-5 模型，采用三维数值流形程序可以计算每个时间步的位移，表 6-2 给出了 0.1 ~ 0.5 秒的模拟结果，其中测量点选择为最小坐标和最大坐标的角点。表 6-2 结果表明 Z 向位移满足牛顿第二定律。例如当 $t(s) = 0.3$ 秒时，Z 向位移约为 -0.245m，根据牛顿第二定律，可以计算得到

$$\mathrm{dis}p = \frac{1}{2} \times (-9.8) \times \left(0.3^2 - 0.2^2\right) = -0.245\mathrm{m}$$

同时，X 和 Y 向位移为无穷小量，并且 Z 向位移与理论值之差也为无穷小量。另外，表 6-2 结果还表明该模型在下落的过程中未发生晃动，表现为平稳下落。通过自由落体运动模拟，验证了惯性矩阵、速度矩阵、体荷载矩阵等的正确性。

表 6-2　自由落体运动模拟结果

t(s)	测量点	X 向位移 (m)	Y 向位移 (m)	Z 向位移 (m)
0.1	最小坐标角点	1.1E–15	3.1E–14	–0.0490000000000175
	最大坐标角点	–1.0E–15	–3.2E–14	–0.0489999999999513
0.2	最小坐标角点	9.3E–15	1.9E–13	–0.1470000000001060
	最大坐标角点	–8.5E–15	–1.9E–13	–0.1469999999997020
0.3	最小坐标角点	3.3E–14	6.1E–13	–0.2450000000003370
	最大坐标角点	–3.1E–14	–6.1E–13	–0.2449999999990470
0.4	最小坐标角点	7.6E–14	1.4E–12	–0.3430000000007750
	最大坐标角点	–7.0E–14	–1.4E–12	–0.3429999999977900
0.5	最小坐标角点	1.3E–13	2.7E–12	–0.4410000000014960
	最大坐标角点	–1.3E–13	–2.8E–12	–0.4409999999957260

6.2.3　倾斜表面物体滑动模拟

为了研究接触和摩擦过程，图 6-5 给出了斜坡滑动的模拟实例，其中上部小块体 Z 方向上的点载荷为 -1000N，接触斜面的角度为 45°。上面小块的重量为 8000kg，摩擦系数为 0.1。图 6-5(a) ~ (c) 显示，上方的小块体从模型的顶部滑动到底部，经过五个物理单元。同时，小块在 X 方向未发生任何移动。

基于上述参数，可以推导出小块体的解析加速度量值为 $a=f/m=(-1000\times\cos(45°)+1000\times\sin(45°)\times0.1)/8000=-0.07955$m/s^2，同时 Z 和 Y 方向的加速度分别为 $a_z=-a_y=-0.05625$m/s^2。根据图 6-5(d) 的模拟结果和拟合参数，Z 和 Y 方向的加速度为 $a_z=-a_y=-0.05620$m/s^2，其结果与解析分析的相对偏差小于 0.1%。同时，沿 X 轴的累积位移很小，可以忽略不计。

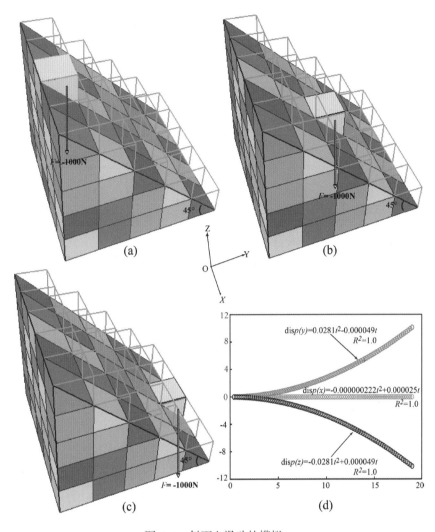

图 6-5　斜面上滑动的模拟

（a）初始模型（灰色线条代表数学网格）；（b）~（c）模拟过程；（d）19 秒的模拟结果

6.3　黏弹性本构关系变形实例分析

6.3.1　蠕变特性模拟分析

蠕变特性是指在应力保持不变的情况下，应变随时间的变化特征。本节构建了一个 1000m × 500m × 500m 的物理模型，共划分 250 个单元，每个单元的尺寸为 100m × 100m × 100m，图 6-6（a），杨氏模量 E=5E10Pa，黏滞系数 η=1.5E20Pa·s，泊淞比 v=0.25；边界约束为在 X 方向施加 σ^0_{xx}=－10^6Pa 的初应力，模拟 100 个时间步、每个时间步长为 1 年。根据 Maxwell 黏弹性本构关系，可知本例边界条件下的剪应变与正应力不相关，因此图 6-6 (b) 仅给出了第 50 号单元几何中心处（坐标：$X=50$, $Y=50$, $Z=150$）正应变随时间变化的模拟结果，显示三个正应变分量均呈线性变化，其中 ε_{xx} 呈线性减速变化、ε_{yy} 和 ε_{zz} 呈线性增速变化且值相等。

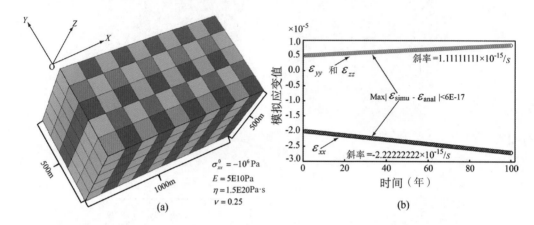

图 6-6　基于 Maxwell 本构关系的 3D-NMM 蠕变特性模拟

（a）模型和参数；（b）点位（50,50,150）处正应变随时间变化结果

根据文献 (殷有泉 , 1987; 尹祥础 , 2011) 给出的一维 Maxwell 介质蠕变特性推导过程，可以直接得到本研究正应变随时间变化的解析解，公式（6.1），该式中常量部分主要反映弹性特征，与时间 t 相关的部分则反映了黏性特征。将图 6-6(a) 给出的介质参数、初应力带入公式 (6.1) 可得，$\varepsilon_{xx}=-2 \times 10^{-5}-2.22222222 \times 10^{-15}t$，$\varepsilon_{yy}=\varepsilon_{zz}=0.5 \times 10^{-5}+1.11111111 \times 10^{-15}t$，通过对数值模拟结果进行线性拟合得到的两个系数的前 9 位有效数字与解析解完全一致。

$$\varepsilon_{xx} = \frac{\sigma_{xx}^0}{E} + \frac{\sigma_{xx}^0}{3\eta}t, \ \ \varepsilon_{yy} = \varepsilon_{zz} = \frac{-v\sigma_{xx}^0}{E} + \frac{-\sigma_{xx}^0}{6\eta}t \tag{6.1}$$

由于图 6-6(b) 仅展示了第 50 号单元的结果，为了定量分析所有 250 个单元的模拟结果与解析解的差异，表 6-3 给出了统计分析。结果显示，模拟结果与解析解的绝对偏差在 1E-14 ~ 1E-17 水平，相对偏差在（1E-9）% ~（1E-10）%，表明 3D-NMM 蠕变特性数值模拟结果与解析解高度一致。

表 6–3 蠕变特性模拟与解析解差异统计

应变参数	最大偏差 (m)	最小偏差 (m)	标准偏差 (m)	相对标准偏差
ε_{xx}	3.6E–015	–7.1E–015	1.4E–016	（–5.8E–010）%
ε_{yy}	3.3E–015	–4.7E–015	8.3E–017	（1.2E–009）%
ε_{zz}	1.6E–014	–6.4E–015	2.0E–016	（3.0E–009）%

注：相对标准偏差 = 标准偏差 / 应变平均值。

6.3.2 松弛特性模拟分析

松弛特性是指应变保持不变的情况下，应力随时间的变化情况。本节构建了一个 500m × 500m × 500m 的物理模型，共划分 125 个单元，每个单元的尺寸为 100m × 100m × 100m，图 6–7（a），杨氏模量 E=1E+10Pa，黏滞系数 η=4E18Pa.s，泊淞比 v=0.20；边界约束方面对模型施加 $disp(y)=4 \times 10^{-5}x$ 和 $disp(x)=4 \times 10^{-5}y$ 的位移约束，相当于对模型施加了 $\varepsilon^0_{xy}=8 \times 10^{-5}$ 的常应变，模拟 300 个时间步、每个时间步长 1 年。根据黏弹性本构关系，可知在本例边界条件下除剪应力参数 σ_{xy} 外，其他应力张量与 ε_{xy} 不相关，图 6–7（b）仅给出了第 31 号单元几何中心（坐标：X=50, Y=50, Z=150）的剪应力 σ_{xy} 随时间变化情况，曲线呈指数衰减分布特征（拟合公式中的时间 t_s 以秒为单位），在 0～100 年衰减较快。

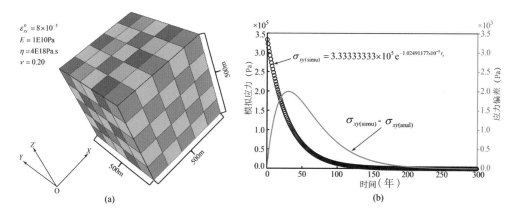

图 6–7 基于 Maxwell 本构关系的 3D–NMM 松弛特性模拟

（a）模型和参数；（b）点位（150,150,150）应力随时间变化结果

根据文献 (殷有泉, 1987; 尹祥础, 2011) 给出的一维 Maxwell 介质松弛特性推导过程，可以直接得到本研究剪应力 σ_{xy} 随时间衰减的解析解，公式（6.2）。将图 6–7（a）给出的介质参数、初应变带入公式（6.2）可得 $\sigma_{xy(anal)}=3.33333333 \times 10^5 e^{-1.04166667t_s}$，对比 3D–NMM 数值模拟结果可知二者在指数部分存在一定差异，该差异导致了模拟结果

与解析解的偏差存在系统性［图 6-7(b)］，图中最大偏差发生在 30 年附近（与本例的应力松弛时间 30.42a 相当），量值约为 $2 \times 10^3 \mathrm{Pa}$。

$$\sigma_{xy} = \frac{E}{2(1+v)} \varepsilon_{xy}^0 \mathrm{e}^{-\frac{E}{2(1+v)\eta}t} \tag{6.2}$$

由于图 6-7 (b) 仅为第 31 号单元的结果，为了定量分析全部 150 个单元的模拟结果与解析解差异，表 6-4 给出了统计分析。结果显示，模拟结果与解析解的绝对偏差的量值不超过 1E3，相对偏差不足 3%，表明 3D-NMM 松弛特性模拟结果的精度较高，但低于蠕变特性。

表 6-4　松弛特性模拟与解析解统计结果 (150 个单元)

应力参数	最大偏差 (Pa)	最小偏差 (Pa)	标准偏差 (Pa)	相对标准偏差
σ_{xy}	1988.3	0.0	862.7	2.5%

注：相对标准偏差 = 标准偏差 / 应力平均值。

为了分析松弛特性模拟结果偏差产生原因，根据 Maxwell 黏弹性本构关系，以第一个时间步为例，假设初始时刻 $t_0=0$ 推导可知在 3D-NMM 程序中用到的表达式如下：

$$\sigma_{xy} = \frac{\eta E}{(2\eta + 2\eta v + \Delta t E)} \varepsilon_{xy}^0$$

对比公式（6.2）给出的，

$$\sigma_{xy} = \frac{E}{2(1+v)} \varepsilon_{xy}^0 \mathrm{e}^{-\frac{E}{2(1+v)\eta}t}$$

可知由于 3D-NMM 公式用的为近似公式，进而影响了模拟精度。根据差分与微分的关系并对比前文两组公式可知，当 Δt 较小时其近似程度较高。通过设置时间步长 $\Delta t=0.1a$，$\Delta t=0.5a$，$\Delta t=1.0a$，$\Delta t=2.0a$ 重新对图 6-7（a）模型的松弛特性进行模拟，图 6-8 和表 6-5 给出了 3D-NMM 模拟结果与解析解的差异分布。结果显示，随着时间步长的缩短，模拟结果与解析结果的一致性明显增强，当时间步为 0.1a 时，相对偏差仅为 0.3%，而时间步为 2.0a 时，相对偏差达到 4.8%。另外，从数值模拟公式和解析公式对比可知，在模拟的开始时段由于 $\sum \Delta t$ 的总时长相对于总松弛时间较短，结果趋于弹性特征；在模拟趋于结束时段，总时长 $\sum \Delta t$ 接近松弛时间，结果趋于黏性特征，在该两个时段数值结果与解析结果的一致性较高。图 6-8 的模拟与解析结果差异清楚的反映了上述特征。

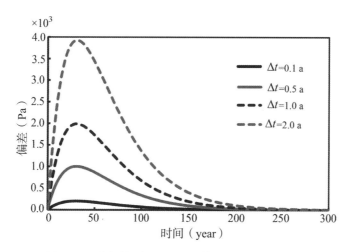

图 6-8　不同时间步下 σ_{xy} 松弛模拟结果与解析解差异

表 6-5　不同时间步长条件下松弛特性模拟与解析解统计结果 (150 个单元)

Δt(a)	最大偏差 (Pa)	最小偏差 (Pa)	标准偏差 (Pa)	相对标准偏差
0.1	201.2	0.0	87.1	0.3%
0.2	1000.9	0.0	433.7	1.3%
1.0	1988.3	0.0	862.7	2.5%
2.0	3922.9	0.0	1706.6	4.8%

注：相对标准偏差 = 标准偏差 / 应力平均值。

6.3.3　重力作用下构造应力模拟

在进行地震等问题的模拟研究时，首先需要完成构造应力的模拟并实现应力平衡，其中重力作用下构造应力的模拟研究是其重要组成部分。根据文献（尹祥础，2011）可知，在 Maxwell 本构关系下重力作用引起的构造应力在时间 $t\to\infty$ 时，三个方向的正应力将统一到静岩压力水平，即：$\sigma_{xx}=\sigma_{yy}=\sigma_{zz}=\rho gh$。针对上述理论分析，本章构建了一个 200km × 300km × 35km 的地壳模型，共划分 4200 个单元，每个单元的尺寸为 10km × 10km × 5km，图 6-9（a），密度 ρ=3000kg/m³，杨氏模量 E=2E10Pa，黏滞系数 η=2E18Pa.s，泊淞比 ν=0.30；边界条件为在 Z 方向施加 –9.8N/kg 的体积力，在如下 5 个面上施加支持边界约束：$disp(z)|_{z=0km} = 0$、$disp(x)|_{x=0km} = 0$、$disp(x)|_{x=200km} = 0$、$disp(y)|_{y=0km} = 0$、$disp(y)|_{y=300km} = 0$，模拟 200 个时间步、每个时间步长 1 年，图 6-9(b) 给出了第 1834 号单元几何中心（坐标 X=15km，Y=45km，Z=17.5km）前 100 个时间步的结果。在初始时刻，由于弹性效应模拟结果瞬间达到弹性理论解（ $\sigma_{zz} = \rho gh$、

$\sigma_{xx} = \sigma_{yy} = \dfrac{v}{1-v}\rho gh$），随着时间步的增加 σ_{xx} 和 σ_{yy} 逐渐向 σ_{zz} 趋近，最终统一到同一数值 ρgh。当模拟到 200 步时，三个方向正应力的模拟值分别为：σ_{xx}=-514497494.9Pa，σ_{yy}=-514497077.9Pa 和 σ_{zz}=-514497146.2Pa，理论计算的解析解为 -51450000Pa，模拟结果与解析解的相对偏差不超过 -0.00057%，二者高度一致。

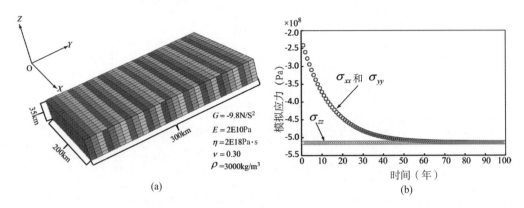

图 6-9　基于 Maxwell 本构关系的 3D-NMM 模拟重力作用下构造应力动态积累过程

（a）模型和参数；（b）点位 (15km, 45km, 17.5km) 处正应力随时间变化结果

由于图 6-9(b) 仅为第 1834 号单元的结果，为了定量分析全部 4200 个单元的在 200 年后的模拟结果与解析解差异，表 6-6 给出了统计分析。结果显示，模拟结果与解析解的绝对偏差在 1×10^5 水平，相对偏差不足 0.004%，表明 3D-NMM 模拟构造应力结果具有高精度特征。

表 6-6　重力作用下模拟构造应力结果与解析解统计结果 (4200 个单元)

应力参数	最大偏差 (Pa)	最小偏差 (Pa)	标准偏差 (Pa)	相对标准偏差
σ_{xx}	10260.7	-11003.6	95.8	0.0037%
σ_{yy}	9107.2	-10713.5	96.1	0.0037%
σ_{zz}	8916.3	-11989.8	99.9	0.0039%

注：相对标准偏差 = 标准偏差 / 应力平均值。

6.3.4　平面摩擦减速模拟

在现实生活中非连续变形现象占有大量比例，下面以平面摩擦问题为例对 Maxwell 黏弹性本构关系下的 3D-NMM 程序模拟效果进行分析。首先，本研究构建了一个了 3m×6m×2m 的物理模型，共划分 20 个单元，每个单元的尺寸为 0.5m×1m×1m，其中 Z=2 的两个单元的下表面为接触滑动面，图 6-10（a），滑动接触面为 Z=1 m，接触方式为点面接触，摩擦系数 $coef_{fri}$=0.1，固定面为 Z = 0 m 面。表 6-7 给出了模型的杨氏模量、黏滞系数、泊淞比和重力加速度等参数。块体 1 和块体 2 的初始速度分别为 3m/s 和 2.5m/s，模拟时间为 1 秒、共 100 步。

表 6-7　平面摩擦减速模型的力学参数

杨氏模量 E（Pa）	黏滞系数 η（Pa·s）	泊淞比 ν	重力加速度 g（m·s²）	密度 ρ（kg·m⁻³）
1×10^{10}	2×10^{19}	0.2	-9.8	2000

图 6-10 给出了块体 1 和块体 2 共 8 个单元的累积位移和拟合公式。对于累积位移，模拟值和分析值之间的相对偏差分别为 0.40% 和 0.65%。根据图中位移的拟合表达式可以得出，两个块体的加速度分别为 -0.968m/s² 和 -0.956m/s²。根据解析公式可知，加速度为 $a=-Fri/$m$=\rho vg \times coef_{fri} / \rho v=-0.98/$s²。因此，对于块 1 和块 2，数值拟合值和解析解之间的加速度的相对偏差分别为 1.2% 和 2.4%。

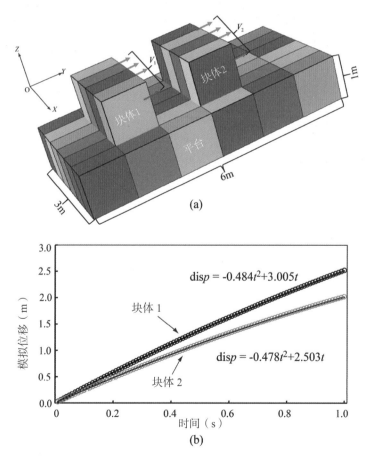

图 6-10　基于 Maxwell 本构关系的 3D-NMM 模拟平面摩擦减速过程

（a）模型和参数；（b）块体运动随时间变化结果

6.4 数值流形方法在地震变形模型中的初步分析

6.4.1 位错模型分析

为了分析三维数值流形方法与位错模型解析解的差异，构建了 200km × 100km × 50km 的三维流形数值模型（图 6-11），模型包括 10000 个单元，介质的杨氏模量和泊松比分别为 $8 × 10^8 Pa$ 和 0.25。在边界约束方面，施加零位移条件于平面 $Y = 0$ km 和 $Y = 200$ km，同时 1.0 m 的左旋错动量施加于 $Y = 100$ km 的断层部位。在图 6-11（b）~（c）中，基于文献（Okada，1985）用粉红色曲线给出了同震位移和应变分布，用蓝线表示三维数值流形模拟结果，显示模拟结果与解析结果的差异较小。

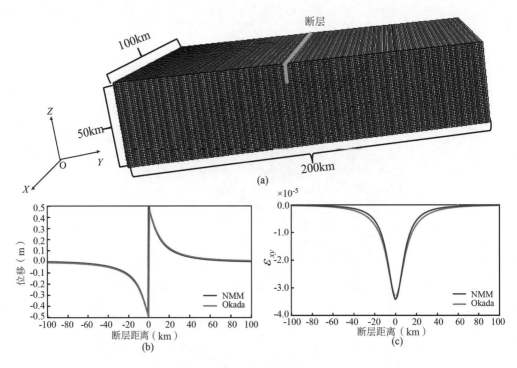

图 6-11 地震位错模拟分析

（a）物理模型；（b）位移分布；（c）应变分布

为了定量分析图 6-11（b）~（c）模拟结果与解析结果的差异，表 6-8 给出了统计对比情况。结果显示，数值模拟与解析结果的偏差较小，不影响结果分析，表明数值模拟具有高精度特征。

表 6-8 位错模型解析结果与模拟结果对比情况

参数	最大偏差	最小偏差	标准偏差
位移 (m)	0.014	−0.033	0.0011
应变	1.3E−06	−1.9E−06	9.1E−07

6.4.2 加载方式对震间期断层变形特征影响的模拟研究

地质构造单元受力而产生非匀速的运动及变形,每个块体在一定时间内都同时受到其他块体对其的挤压、拉伸和剪切作用,此外还受到下部软流层对其的拖曳作用,使得此块体在原运动基础上叠加了这个时间段内的新的运动。因此,地质块体受到的外力可以分为两种基本力源:推挤力源和拖曳力源。对于孕震断层,不同力源对断层的加载而表现的地表位移的变化特性也应有所不同。

利用地震位错理论可以得到无限半空间的地表形变与直立走滑断层的理论关系为(Savage and Burford, 1973; Segall, 2010)

$$y = \frac{s}{\pi} \cdot \tan^{-1}\left(\frac{x}{d}\right)$$

式中,s 表示断层长期的滑动速率;x 表示观测点距断层的距离;d 表示断层的闭锁深度;y 表示观测点的位移速率。

下面基于三维数值流形方法对两种基本力源作用下断层的力学特性分析(邹镇宇等,2015)模拟结果与理论结果的差异及成因。

1. 推挤力源模拟分析

参考无限半空间直立走滑断层变形模式,构建推挤力源的三维模型(如图 6-12)。区域范围为:300km×600km×80km。模型中间设置断层,断层上部(红色区域)为断层的闭锁段,通过设置较强的摩擦系数以控制断层在外力加载时不发生滑动,预设的闭锁深度为 30km;断层下部摩自由滑动。模型采用单一的介质参数。模拟时区域两侧施加强压力(如图 6-12 蓝色箭头)使断层闭锁段不发生滑动。断层两侧施加大小相等,方向相反的固定位移(红色箭头,位移加载量为 10mm)。模拟计算完成后提取垂直于断层中间位置的观测点(绿色点列),分析其位移特性。

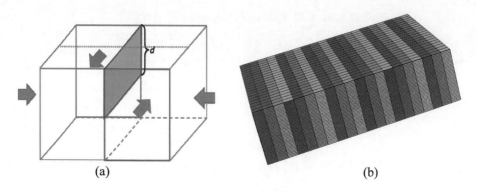

(a)　　　　　　　　　　　　　　(b)

图 6-12　推挤力源模型图

（a）模式示意图；（b）计算模型

模拟图中红色区域表示断层的闭锁段，闭锁深度为 d；蓝色箭头表示施加的相对挤压；

红色箭头表示断层两侧施加的相对位移；绿色点列表示待观测点

图 6-13 给出了模拟得到的地表待观测点的位移分布和利用

$$y = \frac{s}{\pi} \cdot \tan^{-1}\left(\frac{x}{d}\right)$$

拟合曲线，表明利用三维数值流形方法构建的推挤模型可以较精确地模拟走滑断层震间形变。利用反正切公式拟合得到函数为：

$$y = \frac{22}{\pi} \cdot \tan^{-1}\left(\frac{x}{22.5}\right)$$

其中大部分观测点拟合的相对误差小于 2%，断层近场的相对误差小于 8%（由于近场的位移量值较小而导致相对误差偏大）。拟合得到的断层闭锁深度约为 22.5km，小于模型断层闭锁深度预设值 30km。结果表明，推挤力源模拟的走滑断层震间位移符合反正切函数特性，拟合得到的闭锁深度小于预设值。

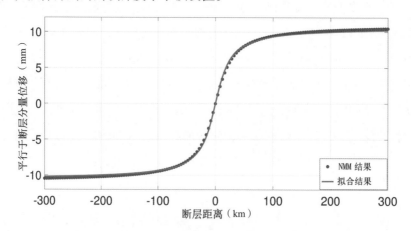

图 6-13　推挤力源得到的地表位移和拟合曲线

2.拖曳力源模拟分析

采用与推挤力源相同的模型，在模型底部断层两侧分别施加大小相等方向相反的拖曳位移（位移加载量为 10mm，如图 6-14）。模拟计算完成后提取垂直于断层中间位置的观测点（绿色点列），分析其位移特性。

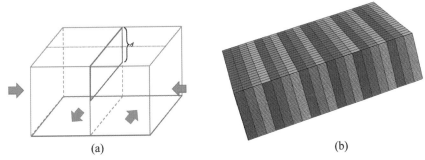

(a)   (b)

图 6-14 拖曳力源模型图

（a）模式示意图；（b）计算模型

模式图中红色区域表示断层的闭锁段，闭锁深度为 d；蓝色箭头表示施加的相对挤压力；

红色箭头表示施加的拖曳位移；绿色点列表示待观测点

图 6-15 结果表明拖曳力源模拟的地表位移结果与推挤力源模拟的结果相似，但曲线远端未达到拖曳加载量。大部分观测点的拟合相对误差小于 0.4%，断层近场的相对误差不超过 2.2%（由于近场的位移量值较小而导致相对误差偏大），反映位移曲线较精确地符合反正切函数特性。得到拟合函数为：

$$y = \frac{6}{\pi} \cdot \tan^{-1}\left(\frac{x}{45.6}\right)$$

其中拟合的断层闭锁深度约为 45.6km，大于模型断层闭锁深度预设值 30km。结果表明，拖曳力源模拟的走滑断层震间位移符合反正切函数特性，拟合得到的闭锁深度大于预设值。

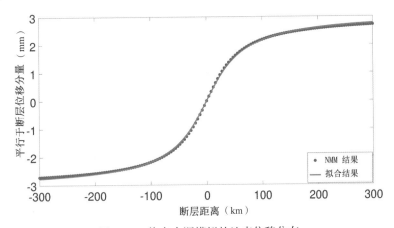

图 6-15 拖曳力源模拟的地表位移分布

从推挤力源和拖曳力源模拟的地表位移曲线可以得出：①在断层附近，地表形变量较大，远场地表位移变化逐渐变小，表现出很好的反正切特性，其与理论结果有较好的一致性；②推挤力源由于位移沿水平方向传递，所以当内外力平衡后，曲线远端平直，可以体现出推挤加载量，拟合得出的闭锁深度较浅；③拖曳力源由于位移沿垂直向地表传递，在传递过程中会逐渐衰减，因此曲线远端不能体现出拖曳加载大小，而且由于拖曳力源对地表表现出整体大范围加载的特性，因而曲线远端略有上翘，拟合出的闭锁深度较深。

3. 两种力源的力学特性分析

将推挤力源与拖曳力源按 3：1 比例的组合位移加载，可得到较精确的地表形变反正切特征，利用反正切公式拟合得到的闭锁深度为 28km，略小于预设的闭锁深度 30km，说明地表位移曲线表现出以推挤力源为主的特征；再对推挤力源与拖曳力源按 1：3 比例的组合位移加载，利用反正切拟合得到的闭锁深度为 39km，大于预设值，说明地表位移曲线表现出以拖曳力源为主的特征。

实际中断层可能会同时受到推挤与拖曳两种力源的影响。上述模拟结果表明，当推挤力源占主导时，利用模拟地表位移拟合得到的闭锁深度偏浅；当拖曳力源占主导时，利用模拟地表位移拟合得到的闭锁深度偏深。因此，利用三维数值流形方法模拟断层变形可使我们更深入地理解和认识断层闭锁与地表形变的关系。

6.5 小结

本章通过三维弹性、黏弹性 NMM 的模拟实例，研究给出了连续与非连续变形模拟结果，验证了程序算法的效率和适用性，得到了如下认识。

（1）通过弹性变形分析，全面测试了固定点矩阵、点荷载矩阵、刚度矩阵、惯性矩阵、速度矩阵、接触矩阵、摩擦矩阵等的正确性；悬臂梁变形分析、自由落体运动模拟、斜面滑块运动等表明程序具有高精度、高效率和高可靠性。

（2）黏弹性蠕变模型表明，在给定应力状态下，Maxwell 黏弹性 3D-NMM 可以达到变形模拟的解析精度；黏性松弛模型表明，模拟每个步骤的应力结果受时间步长的影响，减少时间步长可以提高准确性。由重力驱动的应力累积模型表明，模拟和解析解之间的最终应力累积差异很小。由摩擦引起的滑动减速模式表明黏弹性 3D-NMM 可以很好地模拟不连续的问题。

（3）不同力源对走滑断层震间期变形进行模拟结果表明，推挤与拖曳两种力源都能较精确地模拟走滑断层震间期的反正切形变特性。其中，推挤力源结果拟合得到闭锁深度低于真实值，拖曳力源结果拟合得到的闭锁深度深于真实值。

　　总体而言，三维数值流形方法适用于在多时间尺度（百年到秒）和多空间尺度（百千米到米）中模拟弹性与黏弹性变形，适合于连续与非连续变形模拟，在地球科学中具有较好的应用前景。

参考文献

李海枫，张国新，石根华，等．流形切割及有限元网格覆盖下的三维流形单元生成［J］．岩石力学与工程学报，2010，29(04)：731~742.

石根华．数值流形方法与非连续变形分析［M］．裴觉民，译．北京：清华大学出版社，1997.

石根华．一般自由面上多面节理生成，节理块切割与关键块搜寻方法［J］．岩石力学与工程学报，2006，25(11)：2161~2161.

张奇华，邬爱清．随机结构面切割下的全空间块体拓扑搜索一般方法［J］．岩石力学与工程学报，2007，026(010)：2043~2048.

封建湖，车刚明，聂玉峰．数值分析原理．北京：科学出版社，2001

姜冬茹，骆少明．三维数值流形方法及其积分区域的确定算法［J］．汕头大学学报（自然科学版），2002，17(3)：29~36.

林绍忠．单纯形积分的递推公式［J］．长江科学院院报，2005，22(3)：32~34.

骆少明，张湘伟，吕文阁，姜东茹．三维数值流形方法的理论研究［J］．应用数学和力学，2005，26(9)：1027~1032.

武艳强．三维数值流形方法研究及其在地学中的初步应用［D］．北京：中国地震局地质研究所，2012.

郑榕明，张勇慧．基于六面体覆盖的三维数值流形方法的理论探讨与应用［J］．岩石力学与工程学报，2004，23(10)：1745~1754.

尹祥础．固体力学［M］．地震出版社，2011.

殷有泉．固体力学非线性有限元引论［M］．北京大学出版社，1987.

Chen G Q., Ohnishi Y., Ito T. Development of High Order Manifold Method［A］．ICADD-2, Kyoto, Japan, 1997.

Chen G. Q and Ohnishi Y. Practical Computing Formulas of Simplex Integration［A］．ICADD-3, USA. 1999.

Fu X.D., Sheng Q., Zhang Y.H., Chen J.(2015). "Application of the discontinuous deformation analysis method to stress wave propagation through a one-dimensional rock mass." International Journal of Rock Mechanics and Mining Sciences, 80, 155-170.

Freed A M., and Lin J. Delayed triggering of the 1999 Hector Mine earthquake by viscoelastic stress transfer.

Nature, 2001, 411(6834): 180.

Jafari A, Khishvand M. An efficient block detection algorithm in 3D–DDA［C］. 10th International Conference on Analysis of Discontinuous Deformation (ICADD-10), Hawaii, USA, 203-211.

Lee C Y . An Algorithm for Path Connections and Its Applications［J］. Ire Trans on Electronic Computers, 1961, 10(3):346-365.

Lin D. Element of rock blocks modeling［D］, 1992, Minneapolis University of Minnesota.

Lu J. Systematic identification of polyhedral rock blocks with arbitrary joints and faults［J］. Computers & Geotechnics, 2002, 29(1):49-72.

Lambeck K., Smither C., and Johnston P. Sea-level change, glacial rebound and mantle viscosity fornorthern Europe. Geophysical Journal International , 1998, 134(1): 102-144.

Li Y., Liu M., Li Y., et al. Active crustal deformation in southeastern Tibetan Plateau: The kinematics and dynamics. Earth and Planetary Science Letters, 2019, 523, 115708.

Liu M., and Yang Y. Extensional collapse of the Tibetan Plateau: Results of three-dimensional finite element modeling. Journal of Geophysics Research. 2003, 108, 2361.

Luo G., and Liu M. Stress evolution and fault interactions before and after the 2008 Great Wenchuan earthquake. Tectonophysics, 2010, 491(1-4): 127-140.

Maxwell J C. II. On the dynamical theory of gases. Proceedings of the Royal Society of London, 1867, 15: 167-171.

Shi G H. and Goodman. Discontinuous deformation analysis［A］. In Proceedings of the 25th U. S. Symposium on Rock Mechanics, Evanston, 25-27 June 1984, 269~277.

Shi G H. Discontinuous deformation analysis: A new numerical model for the statics and dynamics of block systems. 1988, University of California, Berkeley.

Shi G H. Discontinuous deformation analysis：A new numerical model for the statistics and dynamics of deformable block structures［J］. Engineering Computations, 1992, 9(2):157~168.

Shi G H. Manifold Method［A］. Proc. of the 1st 1nt. Forum on DDA Simulation of Discontinuous Media［C］. Bekerley:［Sn.］, 1996, 52~204.

Shi G H. Three dimensional discontinuous deformation analysis［A］. In: Rock Mechanics in the National Interest. Elsworth, Tinucci and Heasley［C］, 2001,1421~1428.

Shi G H. Manifold Method of Material Analysis［C］. Transactions of the 9^ Army Conference On Applied Mathematics and Computing, 1991. U. S. Army Research Office, 1991.

Turcotte D., and Schubert,G. Geodynamics. Cambridge University Press. 2014.

Wang R., Lorenzo M F., Roth, F. PSGRN/PSCMP—a new code for calculating co-and post-seismic deformation, geoid and gravity changes based on the viscoelastic-gravitational dislocation theory.

Computers & Geosciences, 2006, 32(4): 527-541.

Wang K. Elastic and viscoelastic models of crustal deformation in subduction earthquake cycles. The seismogenic zone of subduction thrust faults, 2007, 540-575.

Wu Y Q, Chen G Q. and Jiang Z. S. The Algorithm of Simplex Integration in Three-Dimension and Its Characteristic Analysis. International Journal of Advancements in Computing Technology., 2012, 4(10), 246-256.

Wu Y Q., Chen G Q., Jiang Z S., et al. Research on Fault Cutting Algorithm of the Three-dimensional Numerical Manifold Method. International Journal of Geomechanics. 2017, 17(5):E4016003, doi: 10.1061/(ASCE)GM.1943-5622.0000655.

Wu Y. Q., Chen G. Q., Jiang Z. S., et al. Three-Dimensional Numerical Manifold Method Based on Viscoelastic Constitutive Relation. International Journal of Geomechanics. 2020, 20(9): E04020161, doi: 10.1061/(ASCE)GM.1943-5622.0001798.

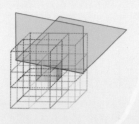

三维数值流形方法原理、
算法和模型

ISBN 978-7-5028-5349-5

9 787502 853495 >

定价：48.00 元